专业技术人员能力建设教程

——沟通与协调能力

主编　陈露晓

国家行政学院出版社

图书在版编目(CIP)数据

专业技术人员能力建设教程：沟通与协调能力 / 陈
露晓主编.—北京：国家行政学院出版社，2014.10
ISBN 978 - 7 - 5150 - 1298 - 8

Ⅰ.①专… Ⅱ.①陈… Ⅲ.①专业技术人员—人际关
系学—技师培训—教材 Ⅳ.①C912.1

中国版本图书馆 CIP 数据核字(2014)第 217997

书　　名	专业技术人员能力建设教程：沟通与协调能力	
作　　者	陈露晓	
责任编辑	姚敏华	
出版发行	国家行政学院出版社	
	(北京市海淀区长春桥路 6 号 100089)	
电　　话	(010)68920640　68929037	
编 辑 部	(010)68929009　68928761	
网　　址	http://cbs.nsa.gov.cn	
经　　销	新华书店	
印　　刷	北京文良精锐印刷有限公司	
版　　次	2014 年 10 月第 1 版	
印　　次	2014 年 10 月第 1 次印刷	
开　　本	16 开	
印　　张	12.5	
字　　数	249 千字	
书　　号	ISBN 978 - 7 - 5150 - 1298 - 8	
定　　价	28 元	

目录 Contents

第一章

专业技术人员沟通基础知识

假如人际沟通能力也是同糖或咖啡一样的商品的话，我愿意付出比太阳底下任何东西都珍贵的价格购买这种能力。

——洛克菲勒

本章概述

沟通，是人类社会活动的一项非常重要的内容。深刻认识沟通的含义与特征，正确区分沟通的类型与方法，全面了解沟通的意义与作用，有益于专业技术人员更好地实现沟通。

有效的沟通，必须是沟通渠道畅通的信息交流。否则，沟通渠道出现任何障碍，都会影响沟通。在沟通的过程中，障碍很多，不仅信息传送者有障碍，信息接收者也有障碍，而且信息本身、信息传递渠道也有障碍。探讨分析这些影响沟通的障碍，可以帮助我们避免并克服这些障碍，从而实现有效而顺畅的沟通。

本章要点

• 沟通概述

• 沟通的原则和因素

• 专业技术人员沟通常见的障碍及沟通方法

案例 开启

小丽是老板的秘书，一向勤勤恳恳、规规矩矩，从不出大错。星期四她得到通知，说星期五公司有个舞会，小丽很想参加。虽然按照公司的规定，星期五可以不穿正装，但是身为老板的秘书，小丽每天都要穿职业套装，她不敢穿得太随便。可是既然有舞会，总不能穿正装参加吧？因此，小丽破例换上连衣裙，把自己打扮得漂漂亮亮的。她在老板办公室进进出出，老板看着很不舒服，但没说什么。下午，老板通知她："3点钟有个紧急会议，你准备一下，负责会议记录。唉，你怎么穿成这个样子，赶快换掉。"小丽这才说："公司有舞会，何况今天是星期五，公司规定……"老板火了："到底是舞会重要还是工作重要？"

小丽认为自己并没有违反公司的规定，回答得理直气壮。殊不知小丽如果回答的没有道理，老板还可以批评她。她回答的有道理，老板更是下不了台，于是恼羞成怒，逼迫小丽换掉连衣裙，否则"炒鱿鱼"。结果小丽强忍泪水，赶快打车回家，换衣服。

如果小丽一开始就向老板暗示今天是星期五，可以穿便装，也许老板就会不以为意了。

不要以为多说多错，不说不错。有话不说往往会使你陷入被动的局面。如果你的上司交给你一项很复杂的任务，你完成不了，又一直不敢开口，最后任务完不成，那所有的过错都是你的。如果你早说了，你的上司就会想其他的办法解决。而你明明完不成任务，还一声不响、硬着头皮继续做，往往贻误了时机。

第 一 节　沟通概述

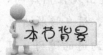

本节背景

沟通，本意是指挖掘沟渠使两条水域相通。如《左传·哀公九年》中就有"秋，吴城邗，沟通江淮"一语。后来引申为两方能通连。

问题驱动

什么是沟通？它有哪些具体类型和特征？

知识梳理

一、沟通的涵义

在学术界，学者们对"沟通"有着这样几种不同的说法。

（一）交流说

这种说法以霍本为代表。他认为沟通就是用言语交流思想。

（二）媒介说

这种说法以贝雷尔森为代表。他认为沟通就是通过大众传播和人际沟通的主要媒介所进行的符号传送。

（三）分享说

这种说法以施拉姆为代表。他认为沟通就是传者与受者对信息的分享。

（四）转移说

这种说法以米歇尔·海克曼为代表。他认为沟通就是符号的转移，而且这种转移允许人进行有意创造。

上述这些说法，都从不同的方面描述了沟通的内涵品质，对我们理解沟通有着重要的启示作用。

笔者认为，现代意义上的沟通，就是人们为着某种交际目的，所进行的信息传递与接受的过程。这种信息可以是言语信息，也可以是文字信息，还可以是态势语言信息。

二、沟通的类型

根据不同的分类标准，沟通有不同的类型。但归纳起来，理论界对沟通有以下几种类型的划分。

（一）直接沟通和间接沟通

根据沟通时对媒介的依赖程度，可以将沟通分为直接沟通和间接沟通两种类型。

1. 直接沟通

直接沟通，就是直面沟通对象所进行的信息传递和交流，例如，谈话、演说、授课等。

2. 间接沟通

间接沟通，就是通过文件、信函、电话、E-mail 等媒介所进行的信息传递和交流。

（二）正式沟通和非正式沟通

根据沟通的组织程度划分，可以将沟通划分为正式沟通和非正式沟通两种类型。

1. 正式沟通

正式沟通，是指在一定的组织机构中，通过组织明文规定的渠道进行信息的传递与交流。如，各种会议、汇报制度等。

在正式沟通中，按照信息传递的方向，又可分为上行沟通、下行沟通和平行沟通。就拿公文来说，下级机关向上级机关所做的请示、汇报，就是上行沟通；上级机关向下级机关所发的命令、指示，就是下行沟通；平行机关所发的函，就是平行沟通。

2. 非正式沟通

非正式沟通，是指在正式沟通以外渠道所进行的信息传递和交流。这种沟通是建立在组织成员之间的社交和感情程度基础之上，人们以个人身份所进行的沟通活动。

（三）单向沟通和双向沟通

根据沟通是否具有反馈的情况，可以将沟通分为单向沟通和双向沟通两种类型。

1. 单向沟通

单向沟通，是指信息单向流动的沟通。在沟通过程中，信息的发送者和接收者的地位不发生改变，即信息的发送者只发送信息，信息的接收者只接收信息，不反馈信息。这种沟通方式是一种非交流性的信息传递活动，如，作报告、大型演讲等。

2. 双向沟通

双向沟通，是指信息双向流动的沟通。在沟通过程中，信息的发送者和接收者的地位不断发生改变，即信息的发送者和信息的接收者既相互发送信息，又相互反馈信息。这种沟通方式是一种交流性的信息活动如讨论、谈话、谈判等。

（四）语言沟通和非语言沟通

根据沟通时所使用的符号形式，可以将沟通分为语言沟通和非语言沟通两种类型。

1. 语言沟通

语言沟通，就是使用正式语言符号所进行的信息传递和交流。因为语言有口头语言和文字语言两种形式，所以语言沟通又分为口头沟通和书面沟通。

2. 非语言沟通

非语言沟通，是以表情、动作、服饰等非语言符号所进行的信息传递和交流。非语言符号虽然是无声的，但有时却"无声胜有声"，它可以起到有声语言所起不到的作用。

三、沟通的特征

沟通既然是人们为着某种交际目的所进行的信息传递与接受的过程，那么，它就应该具有以下几个突出的特征。

（一）双向性

沟通，是一种双向的交流活动。缺少了任何一方，都无法实现真正意义上的沟通。

（二）目的性

人类的任何沟通都是一种有目的的行为。或为了传播某种思想观点，或为了解释说明某种原因，或为了提出某种要求，等等。

（三）互动性

沟通不仅是一种双向的交流活动，还是一种互动的行为。在沟通过程中，任何一方的刁难合作，都会导致沟通的失败。

（四）选择性

人类沟通的选择性，使他跟动物的沟通区别开来。动物的沟通模式是预先确定好的，而人类的沟通是因人、因事、因势而变化的。

四、沟通的意义

生活在社会和组织系统中的人都离不开沟通，而且沟通占据了人们大部分的时间。具体说来，沟通具有以下的意义。

（一）沟通是科学决策、正确实施决策的基础

决策是否科学、正确，决策的实施是否顺利、有效，与信息情报的收集、了解等有着密切的关系。决策者只有掌握了全面而正确的信息情报，并在此基础上对信息情报作正确的分析，去伪存真，由表及里，透过现象看本质，才能作出科学的决策来。而信息情报的收集和了解，是离不开沟通的。沟通贯穿于决策制定的全过程。

沟通不仅贯穿于决策制定的全过程，还贯穿于决策的实施过程。实施者只有准确地理解决策方案，全面地了解决策的具体内容，才能使决策得到正确的实施。而这一切，都必须有畅通的沟通渠道。

（二）沟通是组织系统存在和发展的前提

组织系统是社会成员活动赖以存在的基础。这个系统是一个由多层次、多平面纵横交错的复杂关系构成的有机整体。该整体能否有序运转，充满活力，在一定程度上取决于能否有效地进行沟通。如果沟通渠道畅通，整个组织系统就会正常有序地灵活

运转；反之，整个组织系统就会陷于瘫痪。从这种意义上讲，沟通是组织系统得以存在和发展的前提。

（三）沟通是提升组织整体领导水平的重要途径

在领导环境日趋复杂，组织职能、领导职能不断转化的情况下，有效的沟通可以使组织成员随时了解组织的职能定位，明确自身的职能定位，清楚彼此的职能关系，适应领导环境的变化，从而使组织的整体领导水平得到提高。

（四）沟通是人类社会交往的重要手段

一个人只要在社会上生存，他就离不开沟通。沟通是人类社会交往的重要手段。离开了这一手段，人们就无法达到交流感情、相互了解、共享思想的目的。不仅如此，离开了沟通，社会成员之间也就失去了相互联系的桥梁。

第二节　沟通的原则和因素

了解沟通的原则与构成要素，有助于我们正确并有效地进行沟通，从而以更快捷的方式实现沟通的目的。

沟通要遵守什么样的原则？其有哪些主要因素？

一、沟通的原则

沟通不是随意的行为，沟通应该在一定的原则指导下进行。这样，才能使沟通真正有效。一般说来，沟通应该遵循以下几个基本原则。

（一）针对原则

沟通虽然一般被认为是由信息传送者发出信息，但沟通要有效，还必须坚持针对原则，即针对不同的沟通对象，采取不同的沟通方式。

世界上没有完全相同的两片叶子，也不会有完全相同的两个人。沟通的对象，作为群体，受同一社会制度、同一文化传统、同一活动地域等因素的影响，会形成大致相同的社会属性，这可能为沟通的对象提供了接受的可能性。尽管这样，但作为组成群体的个体，受性别、性格、年龄、职业、文化、思想等因素的影响，又会形成相对独立的不同属性。这些能影响人们的不同属性形成的因素都不同程度地制约着沟通对象对信息的理解和接受。因此，沟通时，沟通的主体就应该考虑接受信息的可能性，使沟通更有针对性。比如，不同的年龄有着不同的人生体验，不同的人生体验影响着人们对事物的看法，当然也包括对信息的理解与接受。

一般说来，儿童未谙世事，思维直观形象，他们的情感易受语言支配，而难于理解言外之意。因此，跟他们进行沟通时，语言就得简明、形象。请看下面的故事。

一天，阿凡提去朋友家做客。那个朋友是个爱好音乐的人。他见了阿凡提很高兴，便拿出了乐器，一件一件地演奏给阿凡提欣赏。

一直过了中午，阿凡提的肚子早饿得咕咕叫了，可是，那位朋友还在没完了地拨弄着乐器，并问阿凡提："你说世界上什么声音最好听？是独塔尔还是热瓦甫？"

阿凡提回答说："朋友，这会儿，世界上什么声音都比不上饭勺刮着锅的声音好听呀！"

朋友听了这话，立刻明白了，阿凡提是肚子饿了，要吃饭。但这话要是说给小孩子听，他们就会真的以为阿凡提觉得饭勺刮着锅的声音是世界上最好听的声音呢！对小孩子就得直言。

告诉他："我肚子饿了，你别摆弄乐器了，给我找点东西吃吧！"

年轻人朝气蓬勃，生活兴趣广泛，喜欢思考，愿意接受新事物，这些特点决定了他们易于接受时代感强、富有哲理、快节奏的语言。

中年人肩上的担子重，崇尚务实精神，跟他们进行沟通时，语言必须直率朴实、简洁明快。

老年人阅历丰富，人生体验最深刻。他们对信息有着全面的理解力，即使是很隐晦的信息，也能调动各方面的知识，综合交际各方面的因素，给予准确的理解。所以，跟老年人沟通时，语言应含蓄、谦逊、稳重。如果对他们提出批评，则要用商讨的语言。

（二）合作原则

合作原则，是指参与沟通活动的双方必须合作，并遵守信息适度、信息真实、内容贴切、方式简明的规则，以保证沟通活动的和谐有序，取得预期的沟通效果。

信息适度，就是话语中所包含的信息量既不能太少，也不能太多，应以适合沟通主题的需要为度。

信息真实，是指沟通主体在表达自己的思想感情时应该表里如一。不传递自己认为是不真实的信息；不传递缺乏足够证据的信息。

内容贴切，就是所传递的信息要紧扣沟通主题，不传递与沟通主题无关的信息，不答非所问。

例如：清朝末年，有个秀才专爱写长文章。有一回，他又洋洋洒洒地写了一篇，并很得意地送给朋友欣赏。

朋友读了以后，在文章最后加了两句批语："两只黄鹂鸣翠柳，一行白鹭上青天。"

秀才看了，非常高兴，忙向妻子炫耀说："怎么样？你总说我不会写文章，你瞧，我的朋友还用唐代著名大诗人杜甫的诗来评价我的文章呢！"

妻子接过文章，看了批语，大笑起来。秀才被妻子笑得莫名其妙，赶紧追问她笑什么。

妻子告诉他："这两句批语是嘲笑讽刺你啊！前句是暗指你的文章'不知所云'；后一句是说你的文章'越看越远'。"

沟通者所传递的信息内容如果不贴近沟通主题的话，那么，也会让人越看越远，越听越"不知所云"。

方式简明，是指传递信息的表达方式要简明扼要，不含糊，不啰唆，有条理，没有歧义，这样，才便于沟通。

（三）择机原则

所谓择机原则，就是说沟通要选择合适的时机。时机，就是具有时间性的机会，恰好的时候。

世上任何事情的成败得失都是与时机分不开的，沟通，尤其是口头沟通更是如此。

沟通必须注意时机，什么时候该沟通，什么时候不该沟通，什么时候传递何种信息，什么时候不传递何种信息，都要考虑清楚。"言未及之而言谓之躁；言及之而不言谓之隐；未见颜色而言谓之瞽。"不该说这些话时说了，表明是太急躁；该说这些话时不说，就是故意隐瞒自己的观点；不察言观色就说，则是盲目的了。据说李斯的被害，就与他跟皇帝沟通不注意时机有关。

李斯是秦代著名的政治家，很有才干。为此遭到宦官赵高的嫉妒。为了除掉李斯，赵高先对李斯说秦二世骄奢淫逸，不理朝政，要李斯去进谏。随后，赵高便等秦二世跟姬妾嬉玩兴致正浓时，约李斯进宫劝谏。李斯如约前来进谏，致使秦二世兴致大败，恼羞成怒，对他心生厌恶，最后把他杀掉了。

（四）及时原则

在沟通的过程中，不论是上行沟通，还是平行沟通，抑或是下行沟通，都应该注意及时原则。所谓及时原则，就是在第一时间内进行沟通。

在第一时间内进行沟通，有利于沟通双方信息及早共享。这样，出现问题，有利于问题的解决，以便更好地安排工作，有利于工作的完成。

二、沟通的主要因素

这个一般过程呈现出沟通的几个主要因素。

（一）发送者

发送者，是信息发送的主体。这个主体既可以是个人，也可以是群体。

（二）信息

信息，是指能被接收者的感觉器官所接收到的刺激。它是沟通活动得以进行的最基本因素。

（三）编码

编码，是指将所要传递的信息，按照一定的编码规则，编制为信号。

（四）信息传递

信息传递，是指发送信息者通过一定的传递渠道，将信息传递给接收者。

（五）接收者

接收者，是信息接收的主体。这个主体既可以是个人，也可以是群体。

（六）译码

译码，又称"解码"，是指信息的接收者将所接收到的信号，依照一定的规则还原为自己的语言信息，这样就可以理解了。

（七）理解

理解，是指接收信息者的反应。成功的沟通，应该是信息发送者的意愿与信息接收者的反应一致。

（八）反馈

反馈，指信息的接收者在接收到信息后，将自己的反应信息加以编码，通过选定的渠道回传给信息的发送者。

（九）噪声

噪声，就是在信息传递的过程中，干扰信息传递的各种形式，如，电话的杂音、书面交流的错别字，等等。

第三节 专业技术人员沟通常见的障碍及沟通方法

在沟通的过程中，能否实现有效沟通，信息传送者处于关键而重要的位置。

你觉得沟通有哪些困难？

一、常见的障碍

（一）发送者的障碍

一般说来，信息传送者在沟通的过程中主要存在以下几种障碍。

1. 心理障碍

人们的行为是受心理支配的。信息传送者如果心理失调，就会影响他的沟通行为，从而形成沟通障碍。

一个人如果具有虚荣心理，他就会说大话，说假话；一个人如果具有自卑心理，说话就会唯唯诺诺；一个人如果具有自负心理，与人交往时，就会盛气凌人，看不起别人。英国前首相布朗就是自负心理的典型。

2010 年 2 月底，《观察家报》记者安德鲁·罗恩斯利在其所著的《工党的终结》一书中指责英国首相戈登·布朗脾气暴躁，经常欺凌下属，这一内幕曝光后，立即在英国引发轩然大波，并迅速演变成一场愈演愈烈的"脾气门"事件。此后，《每日电讯报》在一则题为《戈登·布朗和 100 个被损毁电脑键盘之谜》的报道中披露称，一份最新的官方数据显示，过去一年里，英国内阁办公厅竟令人惊奇地更换了多达 100 个电脑键盘，而这一被砸坏的键盘仿佛成了唐宁街（尤其是布朗本人）心情的晴雨表：因为它们很可能都是脾气暴躁的布朗在盛怒之下砸坏的！

关于心理状态对沟通的影响，古人很早就有深刻的认识。南北朝著名文论家刘勰就说过："夫耳目鼻口，生之役也；心虑言辞，神之用也。率志委和，则理融而情畅；钻砺过分，则神疲而气衰。此性情之数也。"刘勰的意思是说，耳目鼻口都是天生的器官；思想活动和语言的运用，都是精神活动的作用。写作时，随意适志，让心境平静下来，那么，说理就可以圆通，抒情就可以酣畅。如果勉强搜索，钻研过度，那就会精神疲乏，力竭气衰。这是生理现象的规律。

晋朝的陆机在其《文赋》中，更有过形象的论述："若夫应感之会，通塞之际，来不可遏，去不可止。藏若景灭，行犹响起。方天机之骏利，夫何纷而不理？思风发于胸臆，言泉流于唇齿……及其六情底滞，志往神留，兀若枯木，豁若涸流。揽营魂以探赜，顿精爽于自求。理翳翳而愈伏。思轧轧其若抽。"在陆机看来，灵感到来，文思通塞，有一定的规律。来时无法阻挡，去时不可遏止。去时如影子消失，来时像声音响起。文思敏捷，即使头绪纷乱也能梳理。文思会像风一样从胸中吹出，语言会像清泉一样从唇齿中流出。……如果文思阻滞，灵感就像彻底飞去，痴呆呆如一株枯干的老树，空荡荡像一条无水的河谷。这时要挖空心思探索奥秘，振作精神再搜文思。文理昏昏越搜越隐，文思涩涩难若抽丝。

现代科学证明，刘勰、陆机的话是有科学根据的。沟通过程，实际上就是大脑的精神运动过程。这一精神运动过程是否运行顺利，是受一定的心理状态影响的。

2. 语言障碍

语言障碍，主要表现为信息传送者在传送信息时违背语言运用规律。语言是音义结合的词汇和语法的体系。有着自身的构成和运用规律。要实现有效沟通，首先必须遵守语言本身的规律，因为语言是沟通的重要媒介。如果违背语言运用规律，就会对沟通形成障碍。违背语言运用规律所造成的沟通障碍最主要的就是读音错误。

语音是口头沟通信息传递的载体。在口头沟通中，如果语音出现错误，就会直接导致信息的失真。例如：

新上任的知县是山东人,因为要挂帐子,他对师爷说:"你给我去买两根竹竿来。"师爷把山东腔的"竹竿"听成了"猪肝",连忙答应着,急急地跑到肉店去,对店主说:"新来的县太爷要买两个猪肝,你是明白人,心里该有数吧!"店主是个聪明人,一听就懂了,马上割了两个猪肝,另外奉送了一副猪耳朵。离开肉铺后,师爷心想:"老爷叫我买的是猪肝,这猪耳朵当然是我的了……"于是便将猪耳包好,塞进口袋里。回到县衙,向知县禀道:"回禀太爷,猪肝买来了!"知县见师爷买回的是猪肝,生气道:"你的耳朵哪里去了!"师爷一听,吓得面如土色,慌忙答道:"耳……耳朵……在此……在我……我的口袋里!"

师爷和知县之间的语言信息传递错误才导致了这个结果,令人贻笑大方。

3. 文化障碍

这里所说的文化障碍,主要是指因民族文化心理差异而产生的障碍。不同的民族有着不同的文化心理,并在一定程度上影响并制约着人们的言语行为。信息的传送者如果不能适应这种民族文化心理,就会形成文化障碍,从而影响沟通。例如:

2010年8月23日,在菲律宾革职警察挟持香港旅客惨剧当日,菲总统阿基诺三世于事发现场对着电视镜头面带微笑,让人侧目。后来在记者会上面对媒体时他再次展露微笑,进一步惹来广泛的批评,被指态度轻佻。网民反应尤其激烈,甚至直斥其冷血、行径让人发指等。这位总统在8月25日的记者会上道歉,解释说自己除了在开怀时会笑外,遇到令人愤怒的事件也习惯以笑去面对,就像这次事件一样。不过,他说若当日记者会上,自己的面部表情令港人产生误会及感到遭受冒犯,他表示抱歉,那是无心之失。

《微笑的表象与内涵》曾经提到不同民族对微笑抱着不同的态度:或吝惜,或慷慨,常常因文化差异引发误解。其中更有以下这段:"在西方人的眼中,菲律宾、泰国以及柬埔寨人跟日本人一样,喜欢在不该笑的场合笑。"书中提出,笑除了是一定文化背景下的产物,说不定也与脸部的构造以及肌肉的功能有关。也有一说是容貌会随着语言发音的不同而改变,因此,有些人在他乡待久了,因为说惯了当地语言,表情自然而然就越来越像该国的人。在网络上搜寻,更会轻易发现,在这次事件之前,早已有着"Philippines Smile for No Reason"(菲律宾人会无缘无故地笑)这类外国人所下的按语。

这里正因为不同国籍的人对于微笑理解不同,所以才会导致事件引起争议。

4. 态度障碍

信息传送者的态度好坏,直接影响沟通的效果。这种障碍主要表现在当面沟通中。

如果信息传送者具有良好的态度,一句话就能说得叫人笑,符合了信息接收者的心意,沟通就能有效进行;如果信息传送者态度恶劣,一句话就能说得叫人跳,激起了信息接收者的反感，就很难进行沟通。

（二）接收者的障碍

从理论上讲，作为信息接受者，应该认真倾听和仔细观看信息，并经过自己的分析判断，接收自己所需要的信息，并作出相应的反应。但在沟通的实践中，人们却发现，信息接受者也存在着沟通的障碍。这些障碍影响着沟通。一般说来，信息接受者的障碍主要表现在以下几个方面。

1. 方式障碍

所谓方式障碍，是指信息接受者接收信息的方式。有的信息接受者喜欢阅读，但信息发送者却滔滔不绝地给他宣传演讲，让他越听越烦；有的信息接受者喜欢倾听，但信息发送者却写成文字的东西给他看，让他越看越恼。影响了信息接受者对信息的接收。

2. 兴趣障碍

一般说来，人们在接收信息时，总是注意接收自己感兴趣的信息。如果自己对他人所发送的信息不感兴趣，就会分散倾听或观看的注意力，以至于视而不见，充耳不闻，从而影响信息的接收，使沟通不能达到预期的目的。

3. 情绪障碍

实践证明，信息接受者对信息的接收程度与情绪有着非常重要的关系。情绪不好，就会对信息的接收产生阻抗心理，不喜欢听，不喜欢看，甚至因此而拒绝接收任何信息；情绪好，即使是自己不感兴趣的信息，也会宽容大度地接收。

（三）传递渠道障碍

沟通必须有一定的信息传递渠道，而且这一传递渠道是否有障碍，对沟通的效果也有着非常重要的影响。一般说来，信息传递渠道的障碍主要有以下几种。

1. 噪音障碍

沟通时，如果周围的环境不好，有噪音，也会对沟通形成障碍。这就是写作、读书和谈话时，要找一个安静环境的原因。

安静的环境，能让人排除各种杂念，精力集中去写作、去表达、去阅读、去倾听。

安静的环境，能使人的身心得到放松，从而调动自己的潜能，激活自己的激情。这有益于沟通的有效进行。比如，创作活动，就需要安静的环境来使作者的身心放松。研究证明，人的创作潜能像一座巨大的冰山，潜伏在海底深处。日常创作才能的显现，不过是冰山一角。但这潜伏的冰山很少能自动凸现，它需要适宜的条件环境，才能浮出水面。放松的心理状态就是重要的适宜条件之一。因此，要实现有效沟通，必须防止沟通渠道产生噪音障碍。

2. 距离障碍

这里所说的距离，既包括空间距离，也包括时间距离。在沟通时，如果是口头沟通，空间距离的远近影响信息的清晰度。因此，如果信息的沟通者相距的空间距离较远，就要注意选择沟通媒介。否则，就会影响沟通的效果。

如果是阅读古代的典籍，阅读者要与古人进行有效的"沟通"，就必须具备古代汉语方面的知识？这样才能读懂古人，与古人进行思想"交流"。

有这样一个故事：

说是有个叫李四的人，被人控告偷了一领席子。县官稍加查问，便判决道："杀！"

李四不服，大喊冤枉。就见县官一拍惊堂木，厉声喝道："大胆盗贼，竟敢喊冤。你没听孔夫子说过，'朝闻盗席，死可矣'吗！"

李四也粗通文墨，他急中生智为自己辩解说："启禀老爷，小人也曾听圣人说过，'夫子之盗钟，恕而已矣'。夫子盗钟尚可饶恕，我被诬告盗席怎么就要杀头呢！"

县官一听，觉得有理，便把他放了。

在这则故事里，由于断案的县官没有读懂孔子的话，以至于错判了案情。"朝闻道，夕死可矣"，是《论语》中孔子说的话，意思是：早晨得知真理，要我当晚死去，都可以。而他却误解了这句话。幸亏李四善于应变，才使自己转危为安。李四所说的"夫子之道，忠恕而已矣。"则是《论语》中曾子所说的话，意思是说，孔子他老人家的学说，只是忠和恕罢了。

3. 层级障碍

所谓层级障碍，就是沟通时，信息在传递的过程中，经历的层级过多，由此而形成障碍。

信息所经历的层级过多，容易使信息失真。张三的话经过李四的口传给王五，信息就可能增多或减少。

避免这种沟通障碍的有效方法，就是尽量减少传递的层级，能够直接进行沟通交流。

（四）信息本身障碍

不仅信息的传送者和信息的接受者能产生沟通的障碍，信息本身也会产生障碍。对于信息本身的障碍，信息的传送者和信息的接受者都应该加以注意。

一般说来，信息可以概括为两大类：一种是认知信息；一种是情感信息。这两种不同性质的信息都能在沟通中产生障碍。

1. 情感性信息障碍

情感性信息是以态度、情绪、感情、动机的宣示为主。在沟通时，信息的内容如果是情感性的，那么，信息传送者和信息接受者的世界观、价值观和人生观就不能差别过大。否则，就会产生沟通的障碍。例如：

法国著名作家大仲马来到了意大利某城，并准备去一家大书店看看。书店老板听到消息，马上让店员把书架上其他作者的书统统清走，全都换上大仲马的著作，想讨好这位名作家。

这一天，大仲马来到了书店。他一看书架上的书，愣了：这里怎么专卖我的书？于是，他便问老板："这么大的书店，怎么只有我的书，别人的书哪里去了？"老板慌忙答道："都卖完了！"

大仲马听后，很不高兴地离开了这家书店。

这家书店的老板本是好心，不料却弄巧成拙。这是为什么呢？原来，他不了解一个作者总希望自己的著作能够畅销的情感，以致办了件蠢事，结果是沟而不通。

2. 认知性信息障碍

认知性信息是以知识、经验、问题、观念的传达为主。在沟通时，信息的内容如果是认知性的，那么，信息的传送者和信息的接受者的受教育程度和专长背景就不能差异过大，否则，就会产生沟通的障碍，而且这种障碍还难以克服。因此，沟通时，沟通的双方都要重视对方的受教育程度和专长背景情况，以便根据情况调整所用的文字和语言，达到共同理解的目的。

一般说来，文化程度低的人，看问题以及理解事物的能力较差，尤其是对书面语的理解能力就更弱，因此。在与文化程度低的人沟通时，对于认知性的信息，就要注意表达方式，少用或尽量不用文言词语和专业术语，以免影响沟通效果。例如：

一位卫生战线上的干部下乡搞甲状腺肿病的防治宣传工作。在群众大会上他讲道："甲状腺肿的病因是由缺碘所致。要根治它，关键在于……"

他的话还没说完，就听有人插话说："缺点不就是错误吗，错误人人都有，只要改了就是好同志，用不着这么大惊小怪的，还跟甲状腺肿病连在一起吓唬人。"

这位宣传干部的宣传信息所以被误解，就是因为他在讲话时没有考虑沟通对象的文化程度。农民文化程度低，缺少医学方面的专业知识，因此，当他使用"缺碘"这一专业术语时，听众便不能理解了。

可见，要跟文化程度低和没有专业背景的信息接受者进行沟通，就得调整沟通方式。

2010 年某次记者会上谈到通货膨胀，温家宝总理给予形象的比喻："通货膨胀就像一只老虎，如果放出来就很难再关进去。"温总理调整了沟通方式，用比喻的方式讲述通货膨胀的危害，达到了很好的沟通效果。

二、沟通的方法

不同的沟通类型，有着不同的沟通方法。但其基本的沟通方法主要有以下几种。

（一）电话沟通

电话沟通，就是沟通者借助电话这一传播工具来进行信息传递、感情交流。

（二）当面沟通

面对面交流是最常见的沟通交流方法，上下级之间布置、报告工作，同事之间沟通协调问题，一般都采用这种方法。

（三）会议沟通

会议，是沟通的一种重要方法，如，工作汇报会、情况通报会等。领导者可根据具体情况，通过会议的形式向下属传达上级组织的方针政策，也可通过会议的形式了解下属组织成员的思想状况。

（四）网络沟通

随着网络技术的发展，很多单位都建立了自己的内部局域网，根据不同的职位设置了信息阅读权限。通过这一媒介，领导者与同事、下属进行互动交流，其效果非一般媒介所能相比。

（五）公文沟通

公文沟通，就是利用公文这一媒介物来传递信息，交流情况。上级机关的命令、决定通过公文传达给下级机关，下级机关的请求、建议通过公文反映给上级机关，平行机关和不相隶属机关有事情需要商洽，有情况需要交流则通过公文进行联系。

上述沟通方法基本上是语言沟通，其实对于非语言沟通也应引起我们重视，比如，当面交流中的双方的穿着、举止及其相关礼仪也非常重要，会直接影响沟通效果。组织成员对办公环境、办公气氛的感受，其实也是一种沟通。

思　考
1. 什么是沟通？沟通的特征有哪些？
2. 如何认识沟通的意义？沟通的原则有哪些？
3. 沟通的要素有哪些？
4. 沟通的类型分哪几种？
5. 专业技术人员在沟通过程中，主要存在哪些障碍？沟通的方法有哪些？

实践规则：将参与者平分成两组（若一组有人多就更好），站成两个同心圆，人少那组在里面暂称 A 组，人多那组围在圈外称 B 组。首先让 A 组人员闭上眼睛通过双手寻找你的 PARTNER，B 组人员可走动，A 组的可一直选到你认为合适的人选为止，但记得人数是有限的，选择虽然不是唯一，但错过了也未必一定能找到更好的，因为也有可能会被别人先选了。

选好 partner 之后，游戏开始，A 闭着眼睛带着 B 走，想往哪走就往哪走，B 不能作任何提示，双方不能讲话，大约走 10 分钟；之后，A、B 互换角色，B 闭着眼睛带 A 走。

这是第一部分，做完这部分后，再重新做一次游戏，但这次走的时候，双方可以说话，可以作提示。

游戏结束，双方作分享，分享第一次游戏时你的感受和第二次游戏时的感受。

我的感受：第一次时，我闭着眼睛找了另一双手，感觉还是安全的，带着他走的时候，因为我认为当时的环境无论是怎么走都会是安全的，所以我毫无顾忌的走；后来让别人闭着眼睛带我走的时候我才知道原来我带别人的时候并没有顾及别人的感受，因为坚信自己的能力，所以就没有觉得是别人跟着你自己去闯山碰石，从没想到被你带的人可能会担心或不愿意。当你被别人牵着走的时候，因为他闭着眼睛看不到障碍，你又不能讲话，这时你才了解到你带别人的心情：当他靠近障碍物时，你会紧张，但你不能提示他，你看着他一步步走向绝境却无能为力，你非常无助。

当第二部分可以讲话的时候，你才真正轻松起来，通过沟通，很多障碍都绕开了。

游戏目的：

1. 感受一个人时的无助，感受不能被理解的无助；

2. 感受沟通的力量；

3. 角色互换的思维。

如何培养专业技术人员的沟通能力

一个人必须知道该说什么，一个人必须知道什么时候说，一个人必须知道对谁说，一个人必须知道怎么说。

——德鲁克

本章概述

本章主要介绍专业技术人员的沟通能力。包括沟通能力的特点、沟通能力的作用以及如何培养沟通能力等。

所谓沟通能力，是指一个人能有效地与他人进行信息交流的主观条件。这种能力并非是天生的，而是可以后天培养的。因此，专业技术人员应该正确认识沟通能力，了解沟通能力的特点，寻找恰当的途径，培养自身的沟通能力。

本章要点

- 沟通能力的常见特征和作用
- 如何培养沟通能力

案例开启

在工作年会上，总经理正在讲话，大家都在聚精会神地听，行政主管发现总经理遗漏了一项重要的行政决定，他不慌不忙地在便条纸上写下"关于……的决定"等，然后偷偷地递给总经理，希望提醒他，把此决定在会上公布一下。行政主管的做法就很明智，如果等总经理讲完话，行政主管急忙站起来，补充说明一番，相信总经理必定很生气，不但不感激他的补充，而且事后必定气冲冲地责备行政主管："你以为我把那项决定忘在脑后了？我记得比谁都清楚，只不过我认为暂时不宜在会上宣布，没想到你自作聪明，招呼都不打一声，就宣布了。"而行政主管必定会因"先说"而"先死"。

如果总经理真的忘了，而行政主管不说，那行政主管就会落到"不说也死"的境地：总经理会认为他根本心不在焉，这么重要的事都不提醒一下，以后根本不能信任他。

在说与不说之间，行政主管选择了一种合适的方式，即不明言，该提醒的也提醒了，至于总经理说不说出来，由总经理决定。无论以后有什么结果，总经理都不会怪到他的头上。

业务经理陪老板到客户那里谈判，客户提出让利 3‰，业务经理当场拿出计算器，熟练地计算一番，然后把结果显示给老板看，嘴上说："不行，这样我们就无利可图了！"老板看看结果，心里明白，接着说："虽然如此，但是看在老客户的分上，再想想办法吧。"

明明可以接受，业务经理嘴上却说不行，实则将决定权交给老板。老板若同意，等于给对方一个人情；老板若不同意，则有充分的理由拒绝。所以，业务经理真正做到了"说了不死"。如果他计算完，不和老板商量一下，马上说"接受"或"不接受"，等于没把老板放在眼里，势必"先说先死"；如果他计算完，一句也不说，就等着老板作决定，老板就比较为难，因为他的做法摆明了告诉对方可以接受，老板再拒绝，岂不是让对方嘲笑？

第 一 节　沟通能力的常见特征和作用

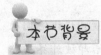

探讨沟通能力的特征，有助于沟通者把握沟通能力的本质，从而为自身沟通能力的培养找到切入点。

为什么说实践性是沟通能力的特征？

知识梳理

一、沟通能力的特征

概括说来，沟通能力具有以下三个方面的突出特征。

（一）动态性

沟通能力是一个开放的系统。它随着沟通者自身素质状态的变化而变化，呈现出动态性的特征。

沟通能力是可塑的。刚刚走上社会的年轻人，他各方面的素质可能差一些，沟通能力可能弱一些，但如果他能认真学习，注意在实践中加强锻炼，他一定能成为一位具有良好素质、较强沟通能力的人；相反，一个人即使原来的素质不错，沟通能力很强，但如果他不注意学习提高，他原有的良好素质也会逐渐蜕化，较强的沟通能力也会弱化。

美国总统布什，就是一个典型：

2000 年，布什登上白宫宝座时，媒体称他是一个"一无所知、骄傲狂野的西部牛仔"。他的大学老师楚鲁米说，布什在上大学时，是最差等的学生。布什的一无所知、骄傲狂野，使得他在外交场合频频闹笑话。比如，他在就职后首次给俄罗斯总统普京打电话时，竟然喊普京为"鸵鸟腿"，而不是称呼对方总统先生或是普京先生。普京对此很不高兴。

在他访问西班牙时，他居然一见面就抱住了西班牙王后，与她亲吻。在场的人见此情形非常尴尬。因为根据欧洲的传统，跟皇室的人见面时，一般是只能握手，而不能触及身体的其他部分。但布什对此却一无所知，结果闹了笑话。

2005 年 1 月 15 日的《深圳商报》还有这样一段记载：

据路透社报道，采访中布什承认，自己过去说的话有些过于生硬。

比如，2003 年 7 月，在谈到伊拉克武装袭击驻伊美军时，布什就说："让他们来吧。"他原本想以此表示美军不会被伊拉克武装的袭击所吓倒，但这句话却被外界当作是对伊拉克武装发出挑衅。

在总统大选期间，民主党总统候选人克里就用这句话来攻击布什。他说，如果白宫想把这场选举变成主要是讨论他们自以为占优势的国家安全问题，那么，"让他们来吧"！

近来，伊拉克武装组织在其发布的袭击录像中，也引用了布什的这句"名言"。他们在录像中说："乔治·布什，你说让我们来吧，但你从来没想到，这可帮了我们大忙。你还挑衅吗?"随后,录像播出了炸毁美军车队的镜头。

上面的叙述足以看出布什登上白宫宝座时的沟通能力。但现在,媒体说,布什已经从"西部牛仔",走向果敢坚定;从反应迟钝走向日益成熟。

沟通能力的动态性特征,要求沟通者加强学习,深入实践,不断完善自己,培养自己的沟通能力。

(二)综合性

沟通能力不是一种单纯的操作技法,它是沟通者思想、知识、思维、心理等素质的体现,是一种综合能力。

古人云:"一言知其贤愚。"鲁迅先生也曾经说过:"从喷泉里出来的都是水,从血管里流出来的都是血。"这些话强调的都是沟通主体的思想品德、文化知识以及才智能力等状况对沟通的内容和沟通技巧起着决定性的作用。不论哪一个方面出现问题,都会对沟通能力造成影响和制约。

沟通能力的综合性特征要求沟通者要博学多识,具有合理的知识结构,要提升各方面的素养,成为"通才"。

不同工作性质的人,应该具有不同的知识结构。如果是作为现代领导者,所应具有的知识结构是:深厚的政治理论知识;精深的专业业务知识;娴熟的领导专业知识;广博的科学文化知识。

(三)实践性

沟通能力是跟实践紧密相连的。不仅它的所有理论内容都是从沟通实践中提炼、总结、升华出来的,而且,这些提炼、总结、升华出来的理论又反过来对沟通实践起着巨大的指导作用。而且,一个人沟通能力的强弱,也是在实践中表现出来的。

沟通能力的实践性特征,要求沟通者能够根据自身的特点和职责要求,在实践中有针对性地提升沟通能力。

二、沟通能力的作用

马克思主义认为,人是一切社会关系的总和,一个人的发展取决于和他直接和间接进行交往的其他一切人的发展。由此说来,沟通能力是一个人生存与发展的必备能力,也是一个人成才成功的必要条件。

具体说来,沟通能力具有以下的作用。

(一)沟通能力是沟通者增强自身魅力的重要载体

沟通能力不仅对一个人的理想目标有重要的影响,还关系着沟通者自身的形象。

大约在三百多年前，英国著名作家、政治家约瑟夫·爱迪生就曾经说过："如果人的心灵是敞开着的话，我们就会看到，聪明人和愚笨者在心灵上并没有多少区别，其差异仅在于前者知道如何对其思想进行有选择的表达，而后者则毫不在意地全盘托出。"有选择地表达其思想的人，就是善于沟通者；而毫不在意全盘托出者，则是不善于沟通者。

善于沟通的人，说话能说到点子上，做事能做到关键处，让人感受到他的才华魅力。

（二）沟通能力是沟通者建立良好人际关系的桥梁

1933 年，法国著名社会学家格兰丘纳斯在分析了上下级之间可能存在的关系之后，提出了一个用来计算在任何管理跨度下，可能存在的人际关系的数学公式：

$$C = n\left[2n/2 + (n-1)\right]$$

公式中，C 为可能存在的人际关系，n 表示管理的跨度，即下属的人数。根据这个公式，如果我们直接领导着 6 位下属，我们需要面对的关系就是 222 种；如果我们直接领导着 8 位下属，我们需要面对的关系就是 1080 种。

这似乎有些夸张，但不能否认领导者与下属之间存在复杂的关系。事实上，生活在社会中的人，如果你是领导者，不仅需要面对与下属的复杂关系，还要面对与上级、同级的复杂关系。即使你不是领导者，你也要面对同上级、同级的复杂关系，可以说，我们就生活在一张人际关系网中。想在这张人际关系网中游刃有余必要条件之一就是良好的沟通能力。

（三）沟通能力是沟通者实现理想目标的重要手段

有一种通行的说法，一个人的成功，15％是靠他的专业能力，85％要靠他的沟通能力。这话有一定的道理。一个人的知识再多，智力再强，技术再好，但如果他不能跟别人有效地进行沟通，他就会成为孤家寡人。尤其对于领导者，一个离开人民群众支持和拥护的领导者，是注定要失败的。

古希腊神话中有一个著名的英雄名叫安泰。他是地神盖娅的儿子。安泰力大无比，但他的力量都是来自于大地。

战斗中，只要他的身体不离开大地，他就所向无敌，任何人都奈何他不得。而一旦离开大地，他就丧失了力量，无能为力。他的对手赫拉克勒斯发现了他的这个致命弱点。于是，在一次交战中，赫拉克勒斯将他举到了空中。结果，安泰失去了生命。

安泰所依托的大地，就是人民。领导者只有紧紧依靠人民群众，才能有无穷无尽的力量；如果脱离了群众，就将一事无成。领导者要想不脱离群众，就要能与人民群众有效地进行沟通。

第二节　如何培养沟通能力

沟通能力既然是沟通者思想、知识、思维、心理等素质的体现，是一种综合能力，那么，要培养自身的沟通能力，就应该用"德馨才茂"的高标准来要求自己，不断加强自身的思想品德修养、文化知识修养、心理素质修养、思维能力修养和沟通技巧修养。

培养沟通能力，你认为什么最重要？

一、增强自身的文化底蕴

沟通者的文化底蕴越丰厚，其视野和思路就越开阔，说起话来，就会妙语连珠；撰写出来的文章，就会越有品位；沟通也就更有效果。

宋代著名思想家朱熹说："问渠哪得清如许，为有源头活水来。"丰厚的文化底蕴就是负大舟的"水"，就是使河渠清如许的"活水"。所以，沟通者要想使自己发送的信息内容丰富充实，观点新颖独到，语言精美有趣，就要下工夫积累丰富的文化知识，增强自身的文化底蕴。沟通者要增强自身的文化底蕴，应该注意把握以下两点。

（一）读书学习是增强文化底蕴的重要途径

增强文化底蕴，离不开读书学习这一途径。沟通者应该培养一种主动求知的读书学习习惯。通过读书学习，沟通者的视野会更开阔，思想会更成熟，文化底蕴会更丰厚。怎样通过读书学习来增强自身的文化底蕴？

一是要培养理论学习的兴趣和热情。理论学习的兴趣和热情，不是与生俱来的，而是可以通过后天的学习、工作实践不断培养而形成。温家宝总理就时常强调读书的重要性。

2009 年 4 月 25 日是"世界读书日"。温家宝同志到商务印书馆和国家图书馆，与编辑和读者交流读书心得，他指出："书籍是人类智慧的结晶。读书决定一个人的修养和境界，关系一个民族的素质和力量，影响一个国家的前途和命运。一个不读书的人、不读书的民族，是没有希望的。……也许有人会说，没有时间读书。但是一个人一天总可以抽出半个小时读三四页书，一个月就可以读上百页，一年就可以读几部书。读书要有选择，读那些有闪光思想和高贵语言的书，读那些经过时代淘汰而巍然独存下来的书。这些书才能撼动你的心灵，激动你的思考。我们不仅要读书，而且要实践；不仅要学知识，而且要学技术。要'读活书、活读书、读书活'，即不仅要学会动脑，而且要学会动手；不仅要懂得道理，而且要学会生存；不仅要提高自己的修养，而且要学会与人和谐相处。"

二是掌握正确的读书学习方法。通过读书学习增强自身的文化底蕴，还要掌握正确的读书学习方法。

首先，要尽可能地博览群书。"书到用时方恨少。"只有博览群书，才能广泛地吸取到各种知识素养，运用时方能取舍自由，游刃有余，左右逢源。对此，古今学者有相同的见解。

南北朝著名文论家刘勰说："夫经典沉深，载籍浩瀚，实群言之奥区，而才思之神皋也。杨、班之下，莫不取资，任力耕耨，纵意渔猎，操刀能割，必列膏腴。是以将瞻才力，务在博见。狐腋非一皮能温，鸡跖必数千而饱矣。"

刘勰认为，思想精深的经典，内容博大的古籍，实际上是各家学说的总汇，是他们才思的渊薮。杨雄、班固等人，没有不从里面吸取滋养，任意渔猎的。他们拿起刀子就知道怎样取舍，必然会把肥肉割下来。这说明了要丰富自己的才力，一定要尽可能地博览群书。狐腋不是一张就能保暖，鸡爪要有几千只才能吃饱。积累学识在于广博。

其次，要尽量做到熟读精思。古代著名思想家朱熹曾说过这样一段话："大抵观书须先熟读，使其言皆若出于吾之口；继以精思，使其意皆若出于吾之心，然后可以有得尔。"

朱老先生的这段话的意思是说，要把书本上的知识化为自己的思想，必须在熟读精思上下工夫。囫囵吞枣似的读书，读了等于没读。只有熟读，才能理解得深透，记得扎实；只有精思，才能融会贯通。

最后，要做到不动笔墨不读书。所谓"不动笔墨不读书"，是说读书时要做笔记。常言道："好记性不如烂笔头"。脑子再好，也有忘记的时候。事实上，古今中外一切有成就的伟人、学者读书学习都有做笔记的好习惯。马克思为写《资本论》这部划时代的理论巨著，曾读过 1500 多种书，并一一做了读书摘要。仅在 1861 年—1863 年这两年间，他在大英博物馆摘记的材料，就写满了 23 个笔记本。

（二）深入实践是增强文化底蕴的必要渠道

周恩来在年轻时曾写过一副格言联自勉："与有肝胆人共事，从无字句处读书。""有肝胆人"指有理想有血性的革命者，"无字句处"指的就是社会实践这所大学校。

列宁在谈到恩格斯《英国工人阶级状况》一书的写作时也说："恩格斯是在英国，在英国工业中心曼彻斯特认识无产阶级的。他在 1842 年迁到这里，在他父亲与人合办的一家商号中服务。在这里，他并不是只坐在工厂的办事处里，他常常到工人栖身的肮脏的住宅区去，亲眼看见工人贫穷困苦的情形。但是，他并不满足于亲身的观察，他还阅读了他所能找得到的在他以前论述英国工人阶级状况的一切著作，仔细研究了他所能看到的一切官方文件。这种研究和观察的结果，就是 1845 年出版的《英国工人阶级状况》一书。"

从现实生活中获取知识素养，必须学会观察。观察是认识客观事物的重要方法。视觉生理学研究证明：一个正常的人从外界所接受到的信息，有 90% 以上是从视觉通道输入的，人的大量知识是通过这种途径获得的。

人们常说："处处留心皆学问"，这话说得有道理。沟通者只要注意留心生活中的人、事、物，就总会看到、听到有用的知识和信息。

二、培养高尚的道德品质

鲁迅先生说："美术家固然有精熟的技工，但尤须有进步的思想与高尚的人格。他的制作，表面上是一张画或一个雕像，其实是他的思想与人格的表现。"沟通者只有具有道德品质高尚，实施沟通行为时，才能想人之所想，及人之所及。培养高尚的道德品质，应该从以下几个方面着手。

（一）继承中华民族的传统美德

我们中华民族有着悠久的文明历史，有着博大精深的传统文化。在悠久的文明历史、博大精深的传统文化中，有着许多合理的、进步的道德观，是值得我们继承与发扬的，如，诚实守信、尊老爱幼，等等。

（二）发扬我党的革命道德传统

革命道德传统，是中国共产党领导人民在长期革命斗争与建设中形成的优良传统道德。如，对理想的执著追求精神、热爱祖国的精神、艰苦奋斗的精神、为事业献身的精神、为民造福的精神、公而忘私的精神、实事求是的精神，等等。这些优良的革命道德传统，都是我们所应该发扬光大的。

（三）借鉴国外的优秀道德思想

世界各族人民都有其优秀的道德思想。"他山之石，可以攻玉。"沟通者要培养高尚的思想道德品质，也需要借鉴世界各民族的优秀道德思想。但借鉴国外的优秀道德思想，有两点必须注意。

一是不要夜郎自大。夜郎自大，是一种庸俗、浅薄、盲目排外的思想意识，是在自身的思想道德建设上搞自我封闭。如果有了这种思想意识，我们就会变得近视、盲目。

二是不要妄自菲薄。妄自菲薄，是在思想道德评价、思想道德建设上盲目推崇外国，看不到中华民族自身优秀的道德传统，看不到中华民族自身的美。

总之，学习外国的优秀道德，必须抛弃夜郎自大和妄自菲薄的思想，这样才能知己之短，知人之长，以一种开阔的眼光，博大的胸怀学习他人，而又不盲目推崇，从而使我们自身的道德，在与国外其他民族的交往中得到借鉴、补充、充实，使我们自身的道德不断进步，不断健全，从而有益于自己，有益于家人，有益于国家，有益于全人类。

三、训练创新的思维能力

沟通能力的强弱，与人的思维能力有着密切的关系。比如说，口头沟通，想得好才能讲得好。因为语言是思维的载体，语言表达能力是思维能力的外在表现。思维敏捷，说话才能反应快；思维缜密，说话才能切中要害，条理清晰。所以，我们要培养沟通能力，就必须训练自身的思维能力，尤其是创新的思维能力。创新思维是沟通的灵魂。有了创新的思维，沟通者才能想人之未想，说人之来说。沟通者要训练自身的创新思维能力，应该注意以下两点。

（一）打破思维定式

所谓思维定式，就是存在于人头脑中的认知框架。在人类的创新活动中，对某一事物的习惯性思维，总是制约着人们的开拓创新的视野。人们往往受固有的知识和过去经验的影响，不自觉地用以往相同的方式来认识事物和阐述问题。在社会活动的实践中，常见的思维定式主要有三种。

一是权威型思维定式。所谓权威型思维定式，就是在对事物的认知和对是非的判定上，缺乏自我独立思考的意识，而盲目地依附于权威。实践证明，权威型思维惯性制约着沟通者的开拓创新能力。权威虽然使我们节省了许多探索的时间和精力，但沟通者如果过于迷信权威，就会墨守成规，就会说套话，从而使自己所发送的信息缺乏新意。

二是经验型思维定式。经验是人类的宝贵财富，但沟通者如果过分地迷信经验，过分地依赖经验，并形成固定的思维模式，就会制约他的开拓创新能力，从而影响沟通效果。

三是习惯型思维定式。所谓习惯型思维，就是思维沿着前一思考路径以线性方式继续延伸，并暂时地封闭了其他的思考方向。例如：

抗美援朝时期，我志愿军空四师某部出征前举行誓师大会。该部队一位领导讲话完毕，为鼓舞士气，特意站起来向台下喊道：

"大家有决心没有？"

台下官兵群情激昂，齐声高喊："有！"

"有信心没有？"

"有！"

"有孬种没有？"

"有！"台下官兵不假思索地齐声回答。

话一出口，台上台下一阵哄笑。这就是"惯性"造成的思维定式。而这种思维定式影响了沟通。

（二）培养创新思维

沟通者要训练自身的创新思维能力，不仅要打破思维定式，还要培养创新思维。培养创新思维最重要的就是要建立起"一切都是可能的"这样的哲学观念，并掌握常见的创新思维方法。常见的创新思维有以下方法。

一是逆向思维。逆向思维是最典型的创新性思维，它是指人们在思考问题时，跳出常规，改变思考对象的空间排列顺序，从反方向寻找解决问题的办法。说得简单点，就是"倒过来想"。请看"哈桑借据法则"：

一位商人向哈桑借了两千元金币，并打了借条。在还钱的期限快到了的时候，哈桑突然发现借据丢了。他万分焦急。他的朋友纳斯列金知道此事后，对他讲："你给这个商人写封信去，要他到时候把向你借的 2500 元还给你。"哈桑迷惑不解，但他还是做了。信寄出后，很快就收到了回信。商人在信中写道："我向你借的是 2000 元，不是 2500 元，到时候就还给你。"

不用说，哈桑的 2000 元金币到时候会完璧归赵了。这种结果的取得，完全得益于逆向思维。

逆向思维之所以能产生创新的效果，是因为人们思考问题，一般都是顺着想，也就是按照大家都认同的常情、常理、常规去想；或者遵循事物的某种客观顺序去想，比如，从前到后、从上到下、从近到远，等等。既然是大家都认同的常理，所以遇到某一问题时，大家都会顺着想。如果有人不满足于只是重复别人的思路，不满足于停留在别人的水平上，而是跳出常规，打破常理，运用非常规的思路去思考，走别人没有走过的路，就会想出有所突破，有所创造，有所发展的新办法来。

二是发散思维。所谓发散思维，就是从一个信息源中导致出多种不同结果的思维方法。它的主要表现特征就是"大胆地设想"。这种思维方法对于沟通者实现有效沟通有着非常重要的意义。它可以使沟通主体发送出既不失规范，又有新意的信息来。例如：

1965 年，美国女作家斯特朗 80 大寿。有关方面在上海展览馆的大厅为她举行祝寿活动。活动中，周恩来总理致辞祝贺。他在致辞中说："今天，我们为我们的好朋友，美国女作家安娜·斯特朗女士庆贺 40 公岁诞辰。"

在场的人听到"40 公岁"这个新名词，都笑了；斯特朗女士也高兴地大笑起来。

接着，周恩来又说："40 公岁，这不是老年，而是中年。斯特朗女士为中国人民和世界人民做了大量的工作，写了大量的文章，她的精神还很年轻。我们祝斯特朗女士继续为人民写出大量文章，祝她永远年轻。"

"40 公岁"就是发散思维的产物。正是因为周恩来总理运用了发散思维，所以，他的那段祝词既不失规范，又有新意。

四、锤炼健康的心理素质

沟通是一种精神活动，其效果的好坏，与沟通主体的心理状态有着极大的关系。心理素质好，就能从容沟通，从容应对；否则，就可能语无伦次，答非所问。因此，沟通者要培养沟通能力，必须锤炼健康的心理素质，使自己性情开朗，胸襟开阔，气度博大。

健康的心理素质包括的内容很多，但重要的是以下两种心理素质。

（一）胸襟开阔、气度博大的心理素质

有一副广为人知的对联，据说是林则徐写的。这副对联是："海纳百川，有容乃大；壁立千仞，无欲则刚。"

这副对联上联说的"厚德"，下联说的是"自强"。"有容德乃大"。一个人只有具备博大宽容的胸襟才能成就高尚的品德；一个人只有具有自强不息的精神，才能"富贵不淫，贫贱不移，威武不屈"，从而发送出真、善、美的信息来。

（二）百折不挠、临危不惧的心理素质

百折不挠临危不惧的心理素质，体现的是坚强的意志。马克思的女儿劳拉，曾问马克思："您认为男人的最好品德是什么？"马克思回答说："坚强。"社会主义现代化事业是一项伟大的工程，建造这一伟大工程不可能一帆风顺；沟通者的社会活动也不

可能一帆风顺。这就要求沟通者具有百折不挠、临危不惧的心理素质。一个人只有具有这种心理素质，才能"卒然临之而不惊，无顾加之而不怒"。

五、熟谙有效的沟通技巧

常言道："善走需得途。"沟通者要培养沟通能力，也必须掌握一定的方式技巧。尽管我们不是先学会了沟通技巧再沟通，但要想实现有效沟通，还必须掌握沟通的方式技巧。

在一所教堂里，有过这样两段对话。

甲信徒问牧师："我在祈祷的时候可以抽烟吗？"

牧师拒绝说："不行！"

乙信徒问："我在抽烟的时候可以祈祷吗？"

牧师回答说："可以！"

甲信徒之所以遭到牧师的拒绝，是因为他没有掌握有效沟通的方式技巧，即没有注意到提问时的顺序性，给牧师的感觉是他祈祷不专心，对上帝不恭；乙信徒之所以得到牧师的许可，是因为他掌握了有效沟通的方式技巧，即注意到提问时的顺序性，牧师认为他休息时还不忘恭敬上帝，对上帝虔诚有加。方式技巧对沟通的作用由此可见一斑。

思 考

1. 沟通能力的特点有哪些？沟通能力的作用有哪些？
2. 结合实际，谈谈如何培养专业技术人员的实际沟通能力？
3. 结合实际谈一谈你对"一个管理者的工作不是听下属的抱怨"这句话的理解？
4. 试述传统沟通方式与现代电子沟通、网络沟通各有何优缺点？
5. 分析你曾经有过的一次演讲经历，是否成功？成功在哪里？不成功的原因是什么？你认为应该如何改进？
6. 根据实际，分析你自己与他人沟通的方式，指出存在的问题以及改进的办法。

名称：沟通能力

形式：20人左右最为合适

时间：15 分钟

材料：准备总人数两倍的 A4 纸（废纸亦可）

适用对象：所有学员

活动目的：

为了说明我们平时的沟通过程中，经常使用单向的沟通方式，结果听者总是见仁见智，个人按照自己的理解来执行，通常都会出现很大的差异。但使用了双向沟通之后，又会怎样呢，差异依然存在，虽然有改善，但增加了沟通过程的复杂性。所以什么方法是最好的？这要依据实际情况而定。作为沟通的最佳方式要根据不同的场合及环境而定。

操作程序：

1. 给每位学员发一张纸。

2. 培训师发出单项指令：

—大家闭上眼睛

—全过程不许问问题

—把纸对折

—再对折

—再对折

—把右上角撕下来，转 180 度，把左上角也撕下来

—睁开眼睛，把纸打开

培训师会发现各种答案。

3. 这时培训师可以请一位学员上来，重复上述的指令，唯一不同的是这次学员们可以问问题。

有关讨论：

完成第一步之后可以问大家，为什么会有这么多不同的结果（也许大家的反映是单向沟通不许问问题所以才会有误差）

完成第二步之后又问大家，为什么还会有误差（希望说明的是，任何沟通的形式及方法都不是绝对的，它依赖于沟通者双方彼此的了解，沟通环境的限制等，沟通是意义转换的过程）

第三章
专业技术人员如何与同事和上下级沟通

要把同道的人当作朋友，而不必把同利的人当作朋友。

——罗兰

本章概述

本章主要介绍专业技术人员在工作中的沟通情况，包括如何与上级沟通、如何与下级沟通以及如何与同事沟通。

本章要点

- 专业技术人员如何与同事沟通
- 专业技术人员如何与上级沟通
- 专业技术人员如何与下级沟通

案例 开启

有一次，化工厂厂长带领一群客人参观工厂，经过仪表控制室，忽然看见仪表板上有若干颜色不同的指示灯，有亮着的，也有不亮的。有一个指示灯，则是一闪一闪的。

有人问："这个指示灯为什么会闪？"

厂长回答："因为液体快到临界点了，如果到达临界点，它就不闪了。"听起来也蛮有道理。

想不到厂长刚刚说完,仪表工程师说:"不是的,那个灯坏了。"

结果厂长表情极为尴尬。

有时候,人的身份地位不同,先说先死的情形也不同。比如,下属先说,说错了就会受到上司的批评,从下属的角度说,上司批评下属很正常。但是万一上司先说说错了,下属指出其毛病,那上司就会很尴尬:发火的话,就显得自己没度量;如果不发火,面子实在不好看。

明白此道理的人,与别人一见面从不说正经话,专说一些没有用的闲话。中国人不是不喜欢说话,而是中国话多半不容易表达得很清楚,话本身已经相当暧昧,听的人又相当敏感,于是"言者无心,听者有意",往往好话变坏话,无意成恶意,招来洗不清、挥不掉的烦恼,何苦来哉?所以,中国人对闲聊很有兴趣,见面不谈正经话,专说一些没有用的,就怕先开口,露出自己的心意,让对方有机可乘,徒然增加自己的苦恼。这样做表面看起来是在浪费时间,其实,其目的是让对方先开口,使自己获得有利的形势。更何况,言多必失,废话说多了,难免会说漏嘴,透露一些有用信息,这样就可以明白对方到底是怎样想的,然后采取相应的应付手段。

中国人擅长明哲保身,就是因"先说先死"的痛苦经历造成的。中国人说话一向含含糊糊,让对方不明白其真实意思,就算随便一句打招呼:"要到哪里去?"得到的多半是"随便走走"之类的回答。只有碰到熟悉的朋友,才会说"我要去……"。

中国人十分习惯于"不明言",即"不说得清楚明白",却喜欢"点到为止",以免伤感情。不明言的态度,比较不容易先说先死。因为一部分是我们说的,一部分是别人自己猜的,大家都有面子。同时也不容易被别人抓住把柄。"有话直说",往往弄得自己灰头土脸,却不知道毛病出在哪里。

很多人"有意见也不一定说",往往鼓励别人先说,然后见机行事。他若不同意,就大肆抨击;若同意,也可能把别人的话改头换面,当作自己的真知灼见。这种让别人站在明亮处,自己躲在黑暗处的作风,使得别人不敢开口讲话,造成很多沟通的障碍。

第 一 节　专业技术人员如何与同事沟通

良好的沟通,可以带来人气与事业的双重飞跃。

工作中还有一个很重要的关系是同事关系。与同事关系的好与坏，几乎可以决定一个人在工作中的浮与沉。那么专业技术人员如何与同事相处呢？

与同事沟通需要迎合吗？

一、与同事沟通时，要注意为别人保全面子

在与同事交往的过程中，聪明人从不会把话说死、说绝，说得自己毫无退路可走。保留他人的面子是个非常重要的问题。但是在现实生活中，我们却很少会考虑到这个问题。我们常喜欢摆架子、我行我素、挑剔、恫吓、在众人面前指责同事或下属，而没有考虑到是否伤了别人的自尊心。其实，只要多考虑几分钟，讲几句关心的话，为他人设身处地想一下，就可以缓解许多不愉快的场面，使沟通更加愉快地进行。

真正有远见的人不仅要在与同事一点一滴的日常交往中为自己积累最大限度的"人缘"，同时也会给对方留有相当大的回旋余地。给别人留面子，其实也是给自己挣面子。在言谈交往中，可以多用一些"可能""也许""我试试看"和某些感情色彩不强烈、褒贬意义不太明确的中性词，以便自己能"伸缩自如"。

人人都有自尊心和虚荣感，甚至连乞丐都不愿意受嗟来之食，因为太伤自尊、太没面子，更何况是原本地位相当、平起平坐的同事。但很多人却总喜欢扫别人的兴，当面令同事面子难保，以致当面撕破脸皮，因小失大。

纵使别人犯错，而我们是对的，如果没有为别人保留面子也会毁了一个人。同事其实是很复杂的一个群体，这个群体中有各种各样的人；有君子有小人、有好人有坏人、有光明磊落的也有阴险狡诈的，但你必须和他们相处下去，因为你们是同事。

二、同事之间相处时，不要显示出太强的优越感

在日常工作中，有人虽然思路敏捷，口若悬河，但总令人感到狂妄，因此别人很难接受他的任何观点和建议。这种人多数都是因为太爱表现自己，总想让别人知道自己很有能力，处处想显示自己的优越感，获得他人的敬佩和认可，结果却往往适得其反，失掉了在同事中的威信。

在社会交往中，人与人之间理应是平等和互惠的，正所谓"投之以李，报之以桃"。那些谦让而豁达的人总能赢得很多的朋友，天天门庭若市，日日高朋满座。相

反，那些妄自尊大的人会引得别人的反感，最终在交往中使自己走到孤立无援的地步，别人都敬而远之，甚至厌而远之。在交往中，任何人都希望得到别人的肯定评价，都在不自觉地维护着自己的形象和尊严。如果谈话对手过分显示出高人一等的优越感，那么无形之中是对他自尊和自信的一种挑战与轻视，排斥心理，乃至敌意也就不自觉地产生了。

法国哲学家罗西法古说："如果你要得到仇人，就表现得比你的朋友优越吧；如果你要得到朋友，就让你的朋友表现得比你优越。"这句话非常正确。因为当我们的朋友表现得比我们优越时，他们就有了一种重要人物的感觉；当我们表现得比他还优越，他们就会产生一种自卑感，造成羡慕和嫉妒。

因此，我们对自己的成就要轻描淡写，学会谦虚，这样才能永远受到欢迎。要知道，从本质上讲，谁都不比谁更优越，百年之后，今天的一切也许就被忘得一干二净了。生命如白驹过隙，不要在别人面前大谈我们的成就与不凡，对此戴尔·卡耐基曾有过这样一番相当精彩的论述："你有什么可以炫耀呢？你知道是什么东西使你没有变成白痴吗？其实不是什么大不了的东西，只不过是你甲状腺中的碘罢了，价值才5分钱。如果医生割开你颈部的甲状腺，取出一点点的碘你就变成一个白痴了。5分钱可以在街角药房中买到的一点点碘，是使你没有住在疯人院的东西。价值5分钱的东西，有什么好谈的？"

人无完人，没有人不犯错误，有些人甚至一错再错。不过，这也没有关系，只要能认识到自己的错误，并及时改正就可以了。既然错误是不可避免的，那么可怕的并不是错误本身，而是知错不改。如果能坦诚面对自己的弱点和错误，拿出足够勇气去承认它、面对它，不仅能弥补错误所带来的不良后果，使自己在今后的工作中更加谨慎，而且能加深领导和同事对你的良好印象，从而很痛快地原谅你的错误。例如：

某公司财务处小李一时粗心，错误地给一位请病假的员工发了全薪。在他发现这项错误后，首先想到的最好办法是蒙混过去，避免让老板知道。于是他匆匆找到那位员工，说必须纠正这项错误，求他悄悄退回多发的薪金。但遭到拒绝，理由是公司发多少就领多少，"这是你们愿意给，又不是我要的，白给谁不要？"小李很气愤，他明白这位员工是故意拿他一把，因为他肯定不敢公开声张，否则老板必然知道。真是乘人之危。气愤之余的小李平静地对那位员工说："那好，既然这样，我只能请老板帮忙了。我知道这样做一定会使老板大为不满，但这一切混乱都是我的错，我必须在老板面前承认。"就在那位员工还站在那里发呆的时候，小李已大步走进了办公室，告诉老板自己犯了一个错误，然后把前因后果述说了一遍，请求老板原谅和处罚。老板听后大发脾气地说这应该是人事部门的错误，但小李重复说这是他自己的错误，老板于是又大声地指责会计部门的疏忽，小李又解释说不怪他们，实在是他自己的错，但老板又责怪起与小李同办公室的另外两个同事来，可小李还是固执地一再说是他自己的错，并请求处罚。最后老板看着他说："好吧！这是你的错，可某某某（那位错领全薪的员工）那小子也太差劲了！"这个错误很轻易地纠正了，并没给任何人带来麻烦。自那以后，老板更加看重小李了，因为他能够知错认错，并且有勇气不寻找借口推脱责任。

事实上，一个人有勇气承认自己的错误，也可以获得某种程度的满足感。因为这不仅可以消除罪恶感和自我保护的气氛，还有助于解决这项错误所制造的更多问题。卡耐基告诉我们，即使傻瓜也会为自己的错误辩护，但能承认自己错误的人，就会获得他人的尊重，而且给人一种高贵怡然的感觉。

喜欢听赞美（哪怕明知是虚伪的赞美），是每个人的天性。忠言逆耳，当有人，尤其是和自己平起平坐的同事对着自己狠狠数落时，不管那些批评如何正确，大多数人都会感到不舒服，有些人甚至会拂袖而去，连表面的礼貌功夫也不会做，实在是令提意见的人尴尬万分。以后即使你有再大的失误，也没有人愿意提醒你了，这岂不是你受到的最大损失？

每个人都会犯错误，尤其是当你精力不足、工作过重、承受太多的生活压力时，偶尔不小心而犯错是很平常的事情。如果能以正确的态度去面对它、知错就改，那么犯错便不算什么罪大难饶的事情，反而对于日后的工作、升迁大有裨益。

三、同事之间的沟通，朴实的行动比华丽的言语更为有效

在日常的工作生活中，同事之间免不了互相帮忙。平常我们总说"助人为乐"，但是在办公室这个没有硝烟的战场上，怎样助人为乐才能真正既帮了别人又帮助了自己呢？当一个同事请你提意见，如何是好呢？诸如"你认为我的工作态度不对吗？""是不是我不该以那种方式处理同老安的矛盾？"这些问题当然不易处理，但给你一个帮助对方进步和表现气度的机会。最愚蠢的回答是直接答"是"或"不是"，你的回答应有一些建设性，也就是说你应该提出一个可行办法。因为要是你的答案不能令对方畅快，他肯定不会接受你的意见，甚至认为你是敷衍他，白白辜负了他对你的信任。正确的做法是，告诉你的同事如果换了是你，会怎样处理这件事，为什么这样处理？例如，他因为未能准时预备开会用的文件，遭到领导责备，就应规劝他："大家谁都知道李主任那人认真得很，所以我替他做事永远都是以最快的速度去完成，还得认真仔细，使他知道我的确已经尽力去符合他的要求了。"千万不要跟着附和，指责对方或其他领导的错处！这样无异于火上浇油，对同事、对领导，甚至你自己，肯定都没有好处，那又何苦为之呢？例如：

年轻的张秘书刚到公司A部门不久，有一次到公司的B部门去协调工作，没有很好地完成工作，他非常生气。吃中午饭的时候，他就在饭桌上向自己部门的同事抱怨

说：B部门真是的，明明公司有规定，部门之间应当相互协调，B部门口里说支持A部门的工作，但是却不肯借用他们的技术员过来帮帮我们忙完这一段。我非要到经理那里告他们一状。这时候同桌吃饭的秦秘书听见了，她是个老秘书了，进公司已经七八年了。她笑眯眯地说："年轻人，不要生气。我建议你这么向经理说，就说，我们的工作近来进度比较紧，想请B部门的技术人员帮忙，B部门也很想帮忙，而且公司也有相关的规定，但是，他们部门也有自己的难处，不知道经理能不能想想办法。"张秘书一听，连连点头。事情后来果然办得很成功。

当然要表示你的关切，这跟其他人际关系一样，必须是诚挚的。这不仅使付出关切的人有所得，接收这种关切的人也是一样。它是条双向道，当事人双方都会受益。努力学会为别人效力，做那些不惜花时间、精力，诚心诚意为别人设想的事情，这样才能获得真正的帮助。人是感情动物，而行动往往更能打动人心，因此你千万别忘了"行动"这个非常棒的沟通武器！

四、学会与同事进行友好的合作

上班的日子里好多人都遇到过这样的尴尬：刚换到一个新的工作岗位，总会感到万分别扭、战战兢兢，对很多事情都是既新鲜又提防，总想尽快磨合，适应新环境，可是一些资深的同事却是对你待理不理。甚至在一些事情上还故意跟你作对，使你觉得简直无所适从，可又别无选择。谁让他们是你的同事呢？不跟他们好好合作、套近乎，今后简直难以工作。该如何面对这种处境呢？

这里有一个关于天堂和地狱的故事。一个人请求上帝带他参观一下这两个地方，希望在比较之后能聪明地选择他将来的归宿。上帝满足了他的要求，先带他看了魔鬼掌管的地狱。进去之后的第一眼让他大吃一惊，他看到所有的人都坐在酒桌旁，面前摆满了美味佳肴，包括水果、蔬菜和各种肉食。但当他仔细看那些人时，却发现他们一个个愁眉苦脸、无精打采地坐在桌子旁，一副营养不良的样子。原来这里每个人的左臂都捆着一把叉，右臂捆着一把刀，刀和叉都有四尺长的把手，根本就不能送到自己嘴边，所以每个人都在挨饿。

随后，这个人又跟随上帝来到了天堂。那里的景象和地狱几乎一模一样，同样的食物、刀、叉以及那些很长的把手，可是天堂里的人们却都笑容满面。这位参观者开始的时候感到很困惑，但随后就发现了其中的原因。原来天堂的每一个人都是喂对面的人，而且也被对面的人所喂，他们互相帮助，所以非常快乐。而地狱里每一个人都试图喂自己，可是一刀一叉以及四尺长的把手使他们根本吃不到任何东西。

这个故事告诉我们，如果你想得到别人的帮助，首先要帮助其他人，而且你帮助的人越多，你得到的也越多。只有彼此间的相互协作才能使大家都幸福快乐。

因此，在工作中最好不要只寄希望于对方向你伸出援手，而是要考虑与对方合作，尤其是与关系不太好的人。首先，你可以尝试着去了解对方的难言之隐，如能化敌为友，说不定还会有意想不到的收获。同时应扪心自问无法与对方精诚合作的原因，究竟出在对方还是自己身上？自己是不是也应该负一点责任？清楚这些之后，应努力营造愉快融洽的气氛，学会与同事和平相处、友好合作。

要知道善于与他人团结协作的人，大都会取得事业上的成功，因此合作是许多成功人士的共同特征，而且合作本身就是一件快乐的事情。有些事情人们只有互相合作才能做成，不合作彼此都得不到好处。通常，在与同事合作时要掌握下面几个要领。

（一）主动参与集体活动

在团队中，每个成员都应具有奉献精神，并有责任做出自己应有的贡献，贡献自己的聪明才智。如果你不敢抛头露面，大胆地表述自己的观点，或觉得你的观点不如他人的有价值，那么，你需要首先排除这种消极认识。因为做一个旁观者的结果只能是你无法培养自己的社交能力，也无法赢得团队中其他成员对你的认识和尊重，更无法对团队的决定施加影响。

（二）能够帮助他人

不要错误地认为帮助别人，自己就要有所牺牲，别人得到了自己就一定会失去。实际上，帮助别人就是强大自己，帮助别人也就是帮助自己，别人得到的不会是自己失去的，因为付出总会得到回报的。

（三）要尊重他人

即使你确信自己比其他同事更有知识、更有能力，也不要太张扬，而要尊重其他人的意见。重要的是，你要让他人充分地表达自己的观点，不要随意打断或表现出不耐烦，做到这些对于团队力量正常地发挥是很必要的。

（四）在会议或讨论中表述自己的观点

清楚地表达你的观点，并提供支持的理由。认真地聆听他人的意见，努力了解他人的观点及理由。这些做法可以提高自己在团队中的参与性。

（五）要注意与同事交往还应当保持真诚

当他需要你的意见时，不要使劲给他戴高帽，做无意义的赞叹；当他工作中遇到困难时，要尽力而为伸出援助之手，而不冷眼旁观、落井下石，甚至乘人之危；当同事无意中冒犯了你，又忘记或根本没意识到说声"对不起"时，应该有宽宏、豁达的心情，真心真意原谅他，日后他一旦有求于你，还要毫不犹豫地帮助他。

如果与同事有了矛盾，明明是自己有理，"为什么还要待他这么好？"原因很简单，因为他是你的同事，你必须待他这么好！你不能得理不饶人，毕竟你每天有 1/3 的时间与同事相厮守：你能否从工作中获得快乐与满足，能否敬业乐业，同事们扮演着一个很重要的角色。

"巴掌不打笑脸人"，多以笑脸待人就能赢得友谊、理解和发展，化干戈为玉帛。

（六）倾听他人的意见，不要过于武断

除了提出自己的观点外，你还应该注意倾听其他同事的观点。当他人提出自己的观点时，要做出积极的和建设性的反应。要客观地评价别人的观点，不要意气用事。即使不同意也不要冷冷地反驳，要平和地表达自己的意见。

另外，在每个单位，都会有一些老资格的同事。人品好的会帮助你、教导你，使你能尽快掌握工作技能；而一些道德教养低劣的人，对于新同事，他会压制，甚至欺负，在领导面前说坏话、打小报告，所以尽量不去招惹这些人。

老资格的同事总是有一定关系，如果你在单位得罪了这样一个人，就可能引起大批同事与你闹别扭，使你产生孤立无援的感觉。为了避免这些，我们在工作中一定要注意与老同事的交往，要把握好与资格老、阅历深的同事间沟通和交流的尺度。

第二节　专业技术人员如何与上级沟通

本节背景

专业技术人员面对上级，唯唯诺诺、唯命是从并不是最佳表现。借助沟通，展现个性，凸显才能，方可游刃有余、平步青云。

问题驱动

与上级沟通需要实话实说吗？

一、与上级沟通的重要性

（一）良好的沟通有助于工作进展

例如：小莉在一家化妆品公司做财务，自从上班的第一天起，她就踏踏实实地工作，工作能力也很强。但她一直停在那个位子上，没有获得提升，原因是她不善于主动与老总进行沟通，许多事都等着老总亲自来找她。后来由于工作上的竞争，她被同事"踩"在了脚底下。

小莉吸取了失败的教训，积极总结经验，又以全新的面貌到另一家公司上班。一个月后，她接到一份传真，上面说她花了两个星期争取到的一笔业务出现了问题。如果在以前，她会等老总来找他，再向老总汇报。但现在她马上就去找老总。老总正准备用电话同这位客户谈生意，她就在此之前将情况向老总做了汇报，并提出具体的建议和意见。老总掌握了这些材料后，与客户交谈时顺利地解决了出现的问题。

此后，小莉常常主动向老总汇报工作上的情况，及时进行良好的沟通，并在销售和管理方面提出一些不错的方案，不断地得到老总的认同。不久，她被提升为业务主管。

与上级进行沟通，并不一定主动就会顺利，遇到挫折的情况也时有发生，这时候，该怎么处理呢？请看下面这个故事。

陈嘉是某销售公司的文员，在快到春节的时候，经理交给她一大堆名片，并亲自挑了很多精美的明信片，要她按照名片逐一地打印寄出。陈嘉在接过名片时，曾提醒经理将地址已发生改变或在业务上已没有往来的客户挑出来，但经理不耐烦地说："你别管，把所有名片都寄出去就是了！"

两天后，当陈嘉把打印好的明信片交给经理过目时，经理却大声指责她将一些已经不在中国的客户错误地打印在了"最精美"的明信片上。陈嘉觉得很委屈，想说出来又担心被经理安个"顶撞上司"的罪名开除，便忍了下来。回去后，她大哭一场，可心里还是别扭，以至影响到了工作。后来陈嘉利用休息时间去拜访经理，坦诚地说出内心的想法。结果令陈嘉出乎意料，高高在上的经理竟向她诚恳地承认了错误。从此，他们二人在工作上配合得相当默契，为公司创造了显著的业绩。

要想与上级沟通并不难，即使偶尔出现不愉快，也很快就能过去。上级也是有血有肉的人，只要你与其积极沟通，一切问题都会得到解决，从而促使上下级合作融洽、工作顺利进行。

(二) 缺少沟通容易出现问题

身在职场中的员工，都避免不了要与自己的上司进行交往，交往的效果将直接影响到个人前途的发展。与上级有效沟通，不仅可以减少矛盾与冲突的发生，还能使双方的关系更加和谐融洽，从而有利于自己获得更多的加薪晋升机会。相反，如果总是把不良情绪积压在心底，即使有强烈的反对意见也不发表，那么不仅会影响上下级之间关系的正常发展，还可能会导致工作无法顺利进展。例如：

约翰所在的公司要进行人事调动，负责人罗伯特对约翰说："把手下的工作放一下，去销售部工作，我觉得那里更适合你。你有什么意见吗？"

约翰撇了撇嘴，说："意见？您是负责人，我敢有意见吗？"实际上他的意见大得很。当时销售部的状况特别糟糕，他想："这一次人事变动把我调到那个最不好的部门去，肯定是负责人罗伯特搞的鬼，见我工作出色就嫉妒得要死，怕抢了他的位置。好，你就等着瞧吧，我会让你难堪的。"

来到销售部以后，约翰的消极情绪非常严重，总是板着一副脸孔，对同事爱理不理，别人主动和他打招呼，他只是应付地点一下头，一来二去，同事们渐渐疏远了他。

有一天，一个客户打来电话，请约翰转告罗伯特，让罗伯特第二天到客户那里参加洽谈会，请罗伯特务必赶到，有非常重要的生意要谈。约翰认为这是个绝好的报复机会，就当成什么事也没发生一样，吹着口哨溜溜达达地回家了。

第二天，罗伯特将他叫进办公室，严厉地说："约翰，客户那么重要的电话你怎么不告诉我？你知道吗？要不是客户早晨打电话给我，一笔1000万美元的大生意就白白地溜走了！"

罗伯特看了看约翰，见他一副毫不在意的样子，根本没有承认错误的迹象，便说："约翰，说实在的，你的工作能力还不错，但在为人处世方面还不够成熟，我本想借此机会锻炼你一下，可你却让我大失所望。我知道你心里对我不满，而你非但不与我沟通，反而暗中给我使绊子。你知道吗，部门的前途差一点儿毁在你手里。你没能通过考验，所以我现在只能遗憾地宣布：你被解雇了！"

鉴于此案的教训，这家公司高层管理者专门召开了一次名为"张开你的嘴巴"的会议，强调并鼓励所有员工要与上级多多进行沟通，因为它既有益于团队之间的团结合作，又能通过沟通增加彼此之间的信任，同时也能避免约翰那样的悲剧重演。

上下级之间的关系，如同相互摩擦而又相互促进的链条，只有以沟通作润滑剂，并经常为这根链条润滑，相互促进的时候才会多一点儿，相互摩擦的时候才能少一点儿，团队才能正常顺利地运转。反之，如果缺少必要的沟通，那么上级与下级之间就会出现问题，特别是当彼此的关系出现隔阂时，问题就很难解决，矛盾就会进一步激化。如果一味地我行我素，遇到分歧意见或遭遇困难也不与上级进行必要的沟通，努力使双方达成共识并齐心协力，那么结果只能是自食其果，最终不是自己主动走人，就是被上级"炒鱿鱼"。

因此，我们应该积极主动地与上级进行沟通。只有不断积极主动地与上级沟通，才可能赢得赏识和器重，个人前途才会有发展。

二、怎样得到上级的赏识

（一）勇于为上级作牺牲

如果希望被自己的上级关注和重视，我们必须主动积极地完成上级交代的工作，为上级分忧分劳。例如：

安东尼是位著名的服装缝纫师。他出生在西西里岛，17岁来到美国加州的一个小镇，拜一个叫莫亚德的服装店老板为师，学习服装缝纫技术。

由于天资聪颖，又肯上进，时间不长，安东尼缝纫的服装便在小镇上小有名气。安东尼是个很会办事的人，每次城里的富人到小镇找他们缝制服装，完成后都是他抢先把衣服给他们送去。老板莫亚德心里明白，在所有顾客中，给富人送衣服是最麻烦的，那些人总是横挑鼻子竖挑眼，故意说衣服没做好而对你横加指责，而安东尼总是这样为自己"蹚雷"，这让他有些过意不去。于是他给安东尼涨了工资，幅度比别人的两倍还高。安东尼心安理得地接受了，一如既往地工作着，继续为老板"蹚雷"。

最终，安东尼受到莫亚德的重用，两人合伙干起了大事业，将服装店搬到底特律，在那里创建了"法兰克礼服出租店"。他们生产的服装，在市场上占有很大的份额，一年下来总能获得巨额利润。莫亚德明白，这一切都离不开安东尼的努力，他尽最大可能去回报安东尼。

（二）关键时刻挺身而出

与上级打交道，不能只是一味地唯唯诺诺，挖空心思地讨好上级。无论上级是对还是错，都不要一味地顺从上级，生怕自己的意见与其不符而得罪对方。其实，这样是不对的。一味地顺从就失去了个性，一味地迁就就没有了主张，特别是在关键时刻，更是要懂得表现自己，勇敢地说出自己的独特见解。

在与上级打交道的过程中，有时可能会出现这种情况：在关键时刻，上级并未发现事态的严重性，员工却看到了。这个时候，员工如果贸然地提出来，可能会使上级认为你是不相信他的能力，在他面前过分地表现自我，从而损害到自己在上级心目中的形象。但如果你的提议可以使公司免受损失，或者增加效益，那么情况就会大大不同了，上级会赏识、感激你，并且器重你。所以说，在关键时刻要懂得表现自己。例如：

迪特尼·包威斯公司，是一家拥有12000余名员工的大公司，它早在20年前就认识到员工意见沟通的重要性，并且不断地加以实践。迪特尼公司的员工意见沟通系统主要分为两个部分：一是每月举行的员工协调会议，二是每年举办的主管汇报和员工大会。现在，公司的员工意见沟通系统已经相当成熟和完善。特别是在20世纪80年代，面临全球性的经济不景气，这一系统对提高公司劳动生产率发挥了巨大的作用。

作为一个员工，要懂得在关键时刻表现自己，并具备无所畏惧的精神。因为谁都知道"雷区"很危险，"蹚雷者"时时刻刻都有丢掉性命的可能。员工与老板之间虽然没有如此夸张，但有时员工能够挺身而出确实不容易，这可是搞不好就丢饭碗的事情。不过，也只有具备这种魄力，你才有可能发展得更好，并成为老板的心腹。

作为上级，也难免遇到棘手的事情，这时往往人人向后躲，生怕捅上马蜂窝。作为一个聪明、有魄力的下级，在这种时候，理智的做法不是往后躲，而是站出来为上级作牺牲。上级的眼睛是明亮的，谁付出得多，他心里最清楚。对于勇于为他作牺牲的人，他是绝不会亏待的。

（三）为上级出谋划策

不要以为，出谋划策是上级的事，员工只要听从指挥就行了。不必担心别人误解你"越级"，只要你的意见是可行的、有利于工作进展的，那不妨提出来，只要能对工作起到促进作用，上级就会对你另眼相看的。例如：

日本有家乡间旅店，由于地理位置不佳，生意一直很萧条。一天下午旅店老板望着后面山上的一片空地出神，忽然间，他的脸上露出笑意，大概是想出了能使旅店生意火起来的妙计……第二天，老板来找空地的主人川雄一男，对他说："我看这块空地不利用十分可惜。你能不能在空地上栽些树，绿化一下，也改变一下旅店的环境。"

川雄叹气说："唉，我也有这种想法，可惜资金不够，力不从心呐！"

由于旅店生意冷清，也因为缺乏资金植树，老板整天闷在屋子里发愁。一天，一个员工提醒老板："能不能想办法让顾客种树？"老板茅塞顿开，马上与这名员工商量怎样才能让顾客种树。

第二天，与空地主人协商之后，该旅店登出了一则别出心裁的广告：尊敬的旅客，您好！本店后面的山上有片空地，宽阔而幽静，特为旅客朋友种植纪念树所用。如有兴趣，不妨种下小树一棵，本店派专人为您拍照留念。树上可留下木牌，刻上您的尊姓大名以及植树日期……

广告一出；旅客们纷纷携树而来，没过多久，旅店后山已是满眼绿色。那些栽过树的人，也常来这里看望，旅店从此夜夜灯火通明。旅店生意的好转，完全是因为那名员工的妙计，老板也为他记了一大功，并给了一定的奖赏，以示感谢与鼓励。

其实上级最需要的不是只知道唯命是从的员工，而是富于创新精神、有谋略的好助手。要想得到上级的赏识，在关键时刻挺身而出帮助上级，是让上级对你另眼相看的最佳途径。另外，作为一个有责任心的下级，如果发现上级决策错误时，从维护公司的利益出发，应对其提出忠告和建议。在向上级提建议时，一般要注意以下几个方面。

1. 注意维护上级的尊严

下级向上级提出忠告和建议时，要多利用非正式场合，少使用正式场合，尽量与上级私下交谈，避免公开提意见。这样做不仅能给自己留有回旋的余地，即使提出意见出现失误，也不会有损自己在公众心目中的形象，而且有利于维护上级的个人尊严和自尊心，不至于使上级陷于被动和难堪。

2. 多从正面阐发自己的观点

要多从正面去阐发自己的观点，也就是说，少从反面去否定和批驳上级的意见，甚至要通过迂回变通的办法有意回避与上级的意见产生正面冲突。

3. 要让自己的想法变成上级的

下级向上级建议时，注意不要直接去点破上级的错误所在或越俎代庖替上级作出你所谓的正确决策，而是要用引导、探询、征询意见的方式，向上级讲明其决策、意见本身与实际情况不相符合，使上级在参考你所提出的建议、资料后，水到渠成地作出你想要说的正确决策。

三、如何巧妙地拒绝上级

（一）不懂拒绝就会出麻烦

对于上级交给的任务，一定要量力而行，认真考虑再作决定，绝不能为了表现自己或担心得罪上级而一味地听从。一旦不能按时完成任务，失面子是小事，承担后果是大事，甚至有被处罚或开除的危险。例如：

强是网络公司的一名编程人员，技术不错，但做人不踏实，总是犯浮夸的毛病。一天，公司部门主管拿来一份程序方案对他说："这套方案很重要，你能处理吗？"强看都没看就拍着胸脯说："小菜一碟，我这双手没有干不了的活儿。"但结果由于理论知识与实战经验欠缺，强把这套活儿干砸了。最终延误了计算机程序开发的时间，强被上司无情地解雇了。

其实，上司不喜欢只会说"是"的人。这种人总是盲目地接受命令，缺少独立性、主动性与创造性，很难在工作上做出大的成就，相反还可能因此而影响到工作。因此，限于个人能力，无法完成的事情就应拒绝。

（二）不懂拒绝就会害自己

不懂拒绝上级、唯命是从的员工并不是最好的员工。他们缺少自己的主见，就免不了会因不懂拒绝而深受其害。例如：

霞刚进公司就碰上一位对公司来说相当重要的国外客户。谈判伊始，对方就拿出一些国际惯例跟她谈。由于双方的文化背景、思维方式、运作存在着较大差异，谈判很快陷入僵局。但霞是那种绝不轻言放弃的人，她一遍又一遍地研究对方的资料，挖掘对方的弱点，用自己的认真和敬业来感化对方，一星期下来，终于扭转了局面，使谈判成功，霞也欣然接受了顶头上司吃饭的邀请。

霞说："我当时的高兴劲儿，真可以用眉飞色舞来形容。在上司面前也顾不上矜持，吃过饭，他邀我去跳舞，我也爽快地答应了。"

从此，上司便经常请她吃饭、泡酒吧、打保龄球、逛珠宝店，借口多半是庆祝霞的出色表现和突出业绩。有时霞并不想去，但看到上司诚恳的眼神，又想想他是自己的上司，总是不好意思拒绝。上司每次出差都会给她带回一些精致的小礼物，这当然逃不过外人的眼睛。一来二去，同事便在背后议论她和上司的事，这其中不乏对霞的出色表现心怀嫉妒者。为此霞烦恼不已，以至相恋两年的男友听到传闻后也来找她理论。他怀疑好强的霞一定是利用了上司的私人感情才做出那么骄人的成绩。霞怎么解释他也听不进去，最终两人只得分手，霞由于情绪低落，业绩下滑，也被炒了鱿鱼。

像上面这个故事，当上级频频邀请霞外出时，即使他真的没有非分之想，霞也不应该不加拒绝，毕竟男女有别，避嫌之说还是存在的。作为一个下级，在工作中是要服从上级的安排，但也要有自己的主见，不卑不亢。特殊情况拒绝上司并非一定是坏事，恰当、巧妙的拒绝能有效维护个人的尊严，也有助于提高你在上级心目中的地位。

（三）如何巧妙地反驳上级

对于上级的命令，不能承担的时候要给予拒绝。但拒绝时要讲究方式方法，不能直白地说"我不去""我干不了"之类的话，要讲究艺术，运用技巧。一般来说，拒绝上级的技巧主要有以下几个。

1. 借助于他人的力量

当上级要求你做某件事，你想拒绝但又不好说出口时，不妨请来两位同事和你一起到上级那里去，借助他人达到拒绝的目的。

去见上级之前，你要与同事商量好，他们两个谁是赞成的一方，谁是反对的一方，然后与上级争论。争论一会儿后，你再向反对的一方靠拢，说："原来是这样，那可能太勉强了。"这样一来，就可避免直接拒绝上级，而表明自己的态度。通过这种方法，上级会认为"大家是经过讨论之后，才做出这种结论"的，而包括上级在内的所有人，都不会觉得哪一方受到了伤害，从而上级会自动放弃原来的想法。

对上级说"不"的时候，一定要注意方式，采用一定的技巧，使拒绝巧妙而见成效。拒绝上司绝不能用生硬的语气，言辞不能过于直白，对于如何运用技巧，运用什么样的技巧，应因时、因地、因人、因事灵活机动地随机应变。

2. 以委婉的方式表达自己的立场

在拒绝、反驳上级的时候，应委婉地提出自己的观点，这样既可维护上司的面子，也能让他感觉你说得很有道理，从而容易使上级改变原来的主张。

例如，著名作家钱钟书先生非常幽默，常常妙语连珠。他也很擅长用委婉的方式拒绝别人的要求。有一次，在婉转拒绝一位英国女士慕名求见时，他说："假如吃了鸡蛋已觉得不错，何必还要认识那下蛋的母鸡呢？"又一次，在谢绝了一笔高额酬金后，钱老莞尔一笑："我都姓了一辈子钱了，难道还迷信钱吗？"

四、如何防止和克服"越位"

正确认识自己的社会角色、地位，真正做到出力而不"越位"，这是处理好上下级关系的一项重要艺术。"越位"是下级在处理与上级关系过程中常发生的一种错误。它主要表现有以下几方面。

（一）表态越位

表态，是表明人们对某件事的基本态度，一般与一定的身份相联系，超越身份胡乱表态，是不负责的表现，是无效的。一般说来，如果单位之间交涉问题，对带有实质性问题的表态，应由上级或上级授权才能进行。而有的人作为下级，上级尚未表态也未授权，他却抢先表明态度，造成喧宾夺主之势，陷领导于被动之中。

（二）决策越位

决策作为领导活动的基本内容，处于不同层次上的领导者其权限不同。有的决策可以由下级作出，有些则必须由上级作出。如果该上级作出的决策而下级却做了，就是超越权限的行为。

（三）工作越位

哪些工作应该由谁干，这里面有时也有几分奥妙。我们应该做权限范围内的工作，越俎代庖就会适得其反。有的人就是不明白这一点，本来由上级出面更合适的工作，他却抢先去做，从而造成工作越位。

（四）某些场合越位

有些场合（如，同客人应酬、参加宴会）也应适当突出上级，有的人作为下属，张罗过欢，突出自己过多，也会造成越位。我们在处理与上级关系时，很有必要注意在一些大场合少突出自己，才能避免场合越位现象。

在工作场合中，上级对员工来说，是关系重大的。他能使你节节高升，也可以给你小鞋穿，甚至炒你的鱿鱼。为了自己的事业有个良好的发展空间，就一定要学会如何与上级沟通，并能在沟通中让双方的关系正常、健康地发展。

（五）答复问题越位

有些问题，往往要有相当权威的人士才能答复，但是有的人明明缺乏这种权威，却擅自答复，这其实也是越位。

第 三 节　专业技术人员如何与下级沟通

下级不是宣泄的对象，而是与你并肩作战的伙伴。凭借沟通，专业技术人员将得到一个和谐愉悦的全新团队。

与下级沟通一定要严厉吗？

一、与下级进行沟通的必要性

在日常生活中，上下级出现沟通问题屡见不鲜。领导者在处理人与人之间的各种矛盾时谴责、贬斥、误解，或是以一种"我是领导，我怕谁"的态度对待别人，都会把事情搞糟。这类情况，即使在最大、最有名的公司里，也是司空见惯的。

只有有能力进行有效沟通的领导，才能真正激励员工，从而成就自己，成就事业。

美国沃尔玛公司总裁萨姆·沃尔顿曾说过："如果你必须将沃尔玛管理体制浓缩成一种思想，那可能就是沟通。因为它是我们成功的真正关键之一。"

沟通就是为了达成共识，而实现沟通的前提就是让所有员工一起面对现实。沃尔玛决心要做的，就是通过信息共享、责任分担实现良好的沟通交流。

沃尔玛特别重视管理者在团队建设中的核心作用，一个好的领导能够将一支羸弱的队伍变成士气高昂、富有战斗精神的团队，而一个不好的领导足够摧毁一支威武之师。权变管理理论认为领导力由"领导、环境、下属"互动决定，领导给予什么样的领导方式取决于下属综合素质和具体工作环境。在沃尔玛我们有两种领导方式可供实施，即"指南针式"和"地图式"领导方式。针对那些新入门、技能较差、综合能力较低的员工，领导者要施以"地图式"领导方式，要手把手地教会他们技能、非常详细地告诉他们工作目标和要求、经常给予工作支持，否则他们永远到达不了"目的地"；而对于那些能力、经验、动力都较高的员工则只须施以"指南针式"领导方式，告诉他们你的期望，给予恰当的鼓励，他们就会像狮子一样冲向阵地。

曾任美国总统的里根被称为"伟大的沟通者"，这绝非浪得虚名。在漫长的政治生涯中，他深切地体会到与自己的服务对象沟通的重要性。即使在总统任内，他也保持着阅读来信的习惯。他请白宫秘书每天下午交给他一些信件，再利用晚上的时间在家里亲自回复。

克林顿总统也常常利用传媒与人们面对面地交流，借此了解他们的想法，表达对他们的关切。就算无法解决所有人提出的问题，但总统亲自到场聆听人们的意见，表达自己的想法，这本身就具有沟通的意义。

有效的沟通其实并不复杂。在工作和生活中，我们每个人每天都要同别人打交道，这是很好的沟通机会。可惜的是，真正、有效的沟通实在并不多见。实际上，良好的沟通能力，并不是天生具备的，而是通过学习获得的。

要想学会沟通，并没有什么真正的秘诀，只有几点最基本的观念。以下是成功沟通的三个基本要点。

（1）对沟通要怀有真诚的心态。

（2）对下级保持开放的态度。

（3）主动创造沟通的良好氛围。

不管你的工作多么繁忙，也必须保留与人沟通的时间。一个领导者，只把自己关闭起来是成就不了事业的，因为再高明的主意，不拿出来与下级沟通并付诸实践也只是空想。真正有效的沟通并不会妨碍工作。比方说开会、讨论、走廊里的短暂同行、共进午餐的时机等都是进行沟通的机会。

二、与下级沟通的技巧

（一）宽容大度、虚怀若谷

作为领导者，不仅要对下属予以认可，还要向他们显示自己的大度，尽可能原谅下级的过失。俗话说："宰相肚里能撑船"。对于那些无关大局的事情，不要同下属锱铢必较。要知道，对下级宽容大度是制造向心力的重要方法之一。例如：

公元 199 年，曹操与实力最为强大的北方军阀袁绍对峙于官渡。袁绍拥兵 10 万，兵精粮足；而曹操的兵力只及袁绍的 1/10，又缺粮，明显处于劣势。当时很多人都以为曹操必败无疑了。曹操的部将以及留守在后方根据地许都的好多大臣，都纷纷暗中给袁绍写信，准备一旦曹操失败便归顺袁绍。

半年以后，曹操采纳了谋士许攸的奇计，袭击袁绍的粮仓，一举扭转了战局，打败了袁绍。曹操在清理从袁绍军营中收缴来的文书材料时，发现了自己下属的那些信件。他连看也不看，命令立即全部烧掉，并说："战事初起之时，袁绍兵精粮足，我自己都担心能不能自保，何况其他的人！"这么一来，那些动过二心的人便全部都放了心，这对稳定大局起了很好的作用。

这种方法的确非常高明，它将已经开始离心的势力又收拢回来。不过，没有一点气度的人是无法做到这一点的。作为领导，就应具有这样的胸怀，只有这样，下属才会尽心竭力为你干事。

(二) 让下级知道你关心他们

每个人都有自己的尊严，都希望得到别人的认可。而上级对下级的关心，对下级倾注的感情，尤其是对下级生活方面的关怀与照顾，可以使他们的这种尊严得到满足。

有许多身居高位的大人物，总会记得只见过一两次面的下级的名字。如果在电梯或门口遇见时，点头微笑之余，叫出下级的名字，就会令下级受宠若惊，感到被重视。例如：

美国的总统罗斯福就善于使用这种方法。克莱斯勒汽车公司为罗斯福制造了一辆轿车，当汽车被送到白宫的时候，一位机械师也去了，并被介绍给罗斯福。这位机械师很怕羞，躲在人后没有同罗斯福谈话。罗斯福只听到他的名字一次，但他们离开罗斯福的时候，罗斯福寻找这位机械师，与他握手，叫他的名字，并谢谢他到华盛顿来。

经常给予能干的下级以关心和肯定，可以给他们带来一种极大的荣誉感和自豪感，当他们得到这种奖赏后，会很有价值感。为了回报领导的赏识，他们必定会像以前一样，甚至比以前更加勤奋地工作，这也正是奖赏的本意。

领导对于下属，不仅仅是在工作上的领和导，还应在下级的生活方面给予一定的关爱。特别是下级碰到一些特殊的困难时（如，意外事故、家庭问题、重大疾病、婚丧大事等），作为领导，此时应伸出温暖的手，那才是雪中送炭。这时候的下级会对你产生一种刻骨铭心的感激之情，并且会时刻想着要如何报效于你。他时刻像一名鼓足劲的运动员，只等你需要他效力的发令枪一响，就会冲向前去。这时的"雪中送炭"比"锦上添花"更有价值。

（三）"我唯一可依靠的财产就是——你们"

每个人都希望自己受到重视，都在乎别人对自己的态度，都希望承认他们工作以及存在的价值。"唯一可依靠的财产就是——你们"，这句话能激发人的主人翁意识，能带给员工心理上的满足和精神上的激励，使他们感受到领导对自己的关注与重视，他们也会由此更加珍爱自己，他们的工作热情会像火一样燃烧起来，他们的工作潜力便可以发挥到最大限度。例如：

在美国的历史上，有一位鞋匠的儿子后来成了美国伟大的总统，他就是林肯。在他当选为总统的那一刻，整个参议院的议员都感到非常尴尬。因为美国的参议员大部分都出身名门望族，自认为是上流、优越的人，从未料到要面对的总统是一个卑微的鞋匠的儿子。

但是，林肯却从强大的竞争中脱颖而出，赢得了广大人民的信赖。这除了他卓越的才能外，还与他从平民中来，走平民路线，把自己融于广大百姓的平民意识是分不开的。

当林肯站在演讲台上时，有人问他有多少财产。人们期待的答案当然是多少万美元、多少亩地，然而林肯却扳着手指这样回答："我有一位妻子和一个儿子，都是无价之宝。此外，租了三间办公室，室内有一张桌子、三把椅子，墙角还有一个大书架，架上的书值得每人一读。我本人又高又瘦，脸很长，不会发福。我实在没有什么依靠的，唯一可依靠的财产就是——你们。"

"唯一可依靠的财产就是——你们"，这正是林肯取得民心的最有效的法宝。这话也应该成为所有领导者调动群众力量建树自己事业的武器，这是调动员工尽心竭力为其工作的最好方法。

（四）诚心接受下级的意见

卡耐基承认，每当有人开始批评他的时候，只要他稍不注意，就会马上很本能地开始为自己辩护——甚至可能还根本不知道批评者会说些什么。卡耐基说，每次这样做的时候，他就会觉得非常懊恼。我们每个人都不喜欢接受批评，而希望听到别人的赞美，也不管这些批评或赞美是不是公正。

既然领导者不可能事事都做到完美，那么就需要下级给予坦白的、有用的、建设性的批评。

查尔斯·洛克曼是培素登公司的总裁，每年花一百万美金资助鲍勃·霍伯的节目。他从来不看那些称赞这个节目的信件，却坚持要看那些批评的信件，他知道自己可以从那些信里学到很多东西。诚心接受批评的益处在所有的人际关系上都不例外——无论是在公司内、家庭里还是一群朋友相处的时候，它往往能化敌为友，为你赢来一些新的支持者。

卡耐基认为，与他人沟通时，如果你是对的，就要试着温和地、有技巧地让对方同意你；而如果你错了，就要迅速而热诚地承认。这样，要比为自己争辩有趣且有效得多。

领导者应该有足够宽阔的心胸，能够容纳得下下级的批评，以此来不断促进自己的工作。一个合格的领导者应向他的员工传达批评与自我批评的观念，最有效的方法莫过于当面痛快地承认自己的过错。领导者必须能够勇于接受下级的批评，否则就不可能在批评他人时有说服力。即便是听到那些不很审慎的坏话，也不要先替自己辩护。身为领导者，有必要表现得与众不同，要谦虚、明理，要成为下级们模仿的榜样。只有这样，领导者才能依靠自身，而不是凭权力去赢得别人的喝彩。

康宁公司负责品质管理的大卫·路德的经验是："最能接受指正的往往是勤于自我改进的人，最愿意改正的人也通常是非常优秀的人，他们永远要再上一层楼，因此对于建设性的批评一般能够虚心接受。日本公司的管理者有一项优点是：他们珍视每一个错误，他们把发现错误当作是挖到了宝藏，因为他们相信这是进一步改善的契机。"

三、学会调节下级之间的矛盾

只要有人存在的地方就必然会有矛盾与冲突发生，而矛盾与冲突的结果，不仅使人与人之间的关系紧张，更甚者可能会有人仰马翻、流血伤亡的事情发生。在一个单位里，员工之间的矛盾冲突必然会给工作带来严重影响，而处理下级间的矛盾冲突是一个领导常常要面临的事情，甚至也可以说是他们日常事务的一部分。所以，处理下级之间的矛盾冲突，协调他们之间的关系，是一个领导所应必备的能力。

那么，怎样做才能调节这些矛盾冲突呢？

（一）折中调和

领导者在处理下级间的矛盾时，常常有这样的情况：矛盾的双方均各有道理，但又失之偏颇，很难明确地判断谁是谁非。此时折中调和、息事宁人是最好的解决办法。这比较符合孔子提倡的"中庸"之道。

比如，在某些制度的改革问题上就会存在"激进派"和"稳健派"。"激进派"会指责"稳健派"保守，"稳健派"指责"激进派"冒进，双方发生观点上的冲突。双方的观点都有道理，但又都各有偏颇。作为单位最高领导，既不能拥一派打一派，也不宜各打五十大板，应该指出无论激进的观点也好，保守的观点也好，在社会或单位的发展中均有他们存在的价值和地位。因为社会或单位前进的方向不是任何一种思潮的方向，而是合力的方向，这一运动的方向是妥协的产物，只要各种思潮的力量达到均衡，社会或单位就能稳定地前进。

要是没有激进派的叫嚷，大家就会被憋死；但若没有保守派的反对和牵制，大家就要被动。所以说，各种观点和思潮在这个社会上均有它们的地位，它们的合力将导致中庸。

（二）不偏不倚

在处理具体矛盾时，作为领导必须做到冷静公允、不偏不倚。

单位的领导是所有下属间矛盾的最后仲裁者，这个仲裁者要想保持权威，就必须以公平的面目出现，在别人的心目中是公正的化身、正义的代表。如果偏袒一方，被偏袒者自然会拥护你，可是在另一方眼里你将不再有权威，他会对你的裁决产生成见。所以，冷静公允、不偏不倚、一碗水端平，是在处理下级间矛盾时最起码的原则，尤其是在调节利益冲突时，更需如此。

当然，一碗水端平并不意味着矛盾双方各打五十大板，衡量是非的标准还是存在的，这个标准就是单位的最高利益。一般来说，下级由于维护本部门的局部利益而发生冲突均不带感情纠葛和个人恩怨，所以只要做到公平，晓以大义，双方矛盾不难调节。对于下属间的观点分歧，作为单位领导最好保持超然态度，尤其不能介入其中去拥一派、打一派。如果单位领导介入一派，另一派则会以"在野党"自居，他们将不会再服从你的仲裁；而且会对你所有的决定加以攻击，在他们眼里，领导者的地位将降到对立派领袖的地位，而不再是正义的代表。领导只有游离于各派之外，保持超然，才能团结所有的人。

（三）"冷处理"与"调离"

处理下级间的矛盾，是需要很高的水平的。处理得好，可以化干戈为玉帛；处理不当，矛盾会"白热化"，此时领导者就会感到非常棘手。

下级间出现摩擦时，领导者要保持镇静，不要风风火火，甚至火冒三丈，这样对于矛盾双方无异于火上浇油。不妨来个冷处理，不紧不慢之中会给人以此事不在话下之感，人们会更相信你能公正处理。假如你自己先"一跳三尺"，处理起来显然不太合适，效果也不会很好。

当下级间因公事而发生"龃龉"时，"官司"打到你的跟前，这时你不能同时向两人问话，因为此时双方矛盾正处于顶峰，此时来谈，双方一定会在你面前又大吵一顿，让你也卷入这场"战争"。双方可能由于谁先说一句话，而争论不休。到底是先有鸡后有蛋，还是先有蛋后有鸡，此事是争论不出个一二三的。细节问题，也很难确定谁是谁非。不妨倒上两杯茶，请他们坐下喝完，让他们先回去，然后分别接见。

单独接见时，请他平心静气地把事情的始末讲述一遍，此时你最好不要插话，更不能妄加批评，要着重在淡化事情上下工夫。事情往往是"公说公有理，婆说婆有理"，两人所讲的当然会有出入，且都有道理，在细节问题上也不必去证明谁说得对。如果非要由你断定，必须做到心中有数，不要妄下结论。即使黑白已明，也不要公开说谁是谁非，否则会进一步影响两人的感情和形象。假如你公开指出其中一方正确时，那么这一方就觉得有了支持而气焰大涨，但是另一方会觉得你偏袒了对方。不妨这么说："事情嘛，我已经清楚了，双方完全没有必要吵得这么凶，事情过去了就不要再提了，关键是你们要从大局出发，以后不计前嫌，精诚合作。"相信经过几天的冷静，双方都有所收敛。你这么一说，双方有了台阶下，互相道个歉，也就一了百了了。

如果事情纯属私事，你也应该慎重处理，切不可袖手旁观。因为两人私事上的矛盾会直接影响工作上的问题，也要分别召见两人，但和公事应该不同。对于他们之间的私事，你没有必要"明察秋毫"，评定谁是谁非，有许多私事是十分微妙的，看以简单，实则越处理越复杂，可能会扯进来很多旁人，事情越闹越大，定会影响公司的整体工作。

不妨说："我不想知道你们之间的那些事，但基于工作我要你们通力合作，不允许工作受私事的影响，希望你们清楚这一点。"有时也可把他们调离，不见面的时间长了，矛盾自然也就消失了。

处理这种矛盾时，切忌偏袒和自己私人关系较好的一方，一定要公私分开。只有这样，才能显示你的公平，赢得下级的信任。

思 考

1. 结合实际谈谈，专业技术人员如何与同事进行有效沟通？

2. 结合实际谈谈，专业技术人员如何与上级进行有效沟通？

3. 结合实际谈谈，专业技术人员如何与下级进行有效沟通？

4. 结合实际，谈一谈你对"一回生，二回熟"这句俗语的理解。

5. 结合现实，谈谈你对"一句话可以说得叫人笑，一句话也可以说得叫人跳"的理解。

没有肢体语言的帮助，一个人说话会变得很拘谨，但是过多或不合适的肢体语言也会让你这个人让人望而生厌，自然、自信的身体语言会帮助我们的沟通更加自如。

游戏规则和程序：

1. 将学员们分为2人一组，让他们进行2—3分钟的交流，交谈的内容不限。

2. 当大家停下以后，请学员们彼此说一下对方有什么非语言表现，包括肢体语言或者表情，比如，有人老爱眨眼，有人会不时地撩一下自己的头发。问这些做出无意识动作的人是否注意到了这些行为。

3. 让大家继续讨论2—3分钟，但这次注意不要有任何肢体语言，看看与前次有什么不同。

相关讨论：

1. 在第一次交谈中，有多少人注意到了自己的肢体语言？

2. 对方有没有什么动作或表情让你觉得极不舒服，你是否告诉他你的这种情绪了？

3. 当你不能用你的动作或表情辅助你的谈话的时候，有什么样的感受？是否会觉得很不舒服？

总结：

1. 人与人之间的交流有两个方面：一方面是语言的，另一方面是非语言的，这两个方面互为补充，缺一不可。有时候非语言传达的信息比语言传达的信息还要更加精确，比如，如果一个人不停地向你以外的其他地方看去，你就可以理解到他对你们的谈话缺乏兴趣，需要调动他的积极性了。

2. 同样，在日常的生活工作中，为了让别人对你有一个更好的印象，一定要注意戒除自己那些不招人喜欢的动作或表情，注意用一些良好的手势、表情帮助你的交流，因为好的肢体语言会帮助你的沟通，坏的肢体语言会阻碍我们的社交。

参与人数：2人一组

时间：10分钟

场地：不限

道具：无

应用：（1）培训、会议活动开始前的学员相互沟通；

　　　（2）沟通技巧训练。

第四章
专业技术人员的跨文化沟通能力培养

与人交谈一次，往往比多年闭门劳作更能启发心智。思想必定是在与人交往中产生，而在孤独中进行加工和表达。

——列夫·托尔斯泰

本章概述

随着世界经济的日益全球化，专业技术人员必然面临跨文化沟通的问题。无论是在进入国内市场的外资企业，还是在为寻求市场多元化而开拓国际市场的中资跨国企业，专业技术人员都必须掌握跨文化沟通的技能。文化影响人的思想、行动和每日所做的事情，已成为我们生活中无法分割的一部分。

文化包括我们模式化的思想、感觉和行为方式，因此，它不仅由沟通来维持存在，同时也经常通过沟通表达出来。由于各民族文化迥异，家庭、习俗、价值观等也互有差异，与生活在不同地方的人沟通时便会产生困难和误解。

本章要点

- 了解文化的多样性
- 专业技术人员应该如何与不同国家的人交往

关于沟通，有这样一个有趣的事：有一些来自不同国家的贸易代表，应开会国地

主之邀，坐上豪华游轮，一边旅游，一边洽谈商务。

没想到船开到了大海中时，竟然因为机器部件过热爆炸，船舱进水，船开始缓缓下沉。船长让大副通知所有乘客，赶快穿上救生衣跳到海里去，可是这些贸易代表不肯跳入漆黑冰冷的大海里，即使大副用威胁强迫的口气命令他们，也无法说服这些伶牙俐齿的贸易代表。

船长只好亲自来到客舱，说服各国代表。船长分别将他们带到旁边说了几句话，没想到，船长说完之后，大家都乖乖穿上救生衣跳入海里，等待救援。就在船长弃船前，大副好奇地问他："你是怎样说服他们的？"

"没什么，我只是顺着他们的心理去说。我对英国人说，跳水绝对有益健康，不用担心；对德国人说，这是船长的命令；对法国人说，跳到水里获救时会上电视，很出风头；对俄国人说，这是伟大革命的一刻；对美国人说……"

"对美国人说什么？"大副追问道。

船长笑了笑说："上船前我为他们买了高额保险……"

看，这位船长多会与不同国家的人打交道。他了解他们不同的文化背景，懂得他们的不同需要，才获得了与他们沟通的成功。

第 一 节　了解文化的多样性

本节背景

人类技术的进步日新月异，但是基于千百年发展形成的文化的嬗变却慢得多。文化的多样性使这个世界精彩纷呈，但也正是这种多样性造成了跨文化沟通的障碍。文化上的差异有时使人们彼此难以理解，因此学习跨文化的沟通对不断国际化的专业技术人员来说，就显得十分重要和迫切。

问题驱动

你是如何理解文化的多样性？

 **知识梳理**

一、语言和非语言因素对沟通的影响

(一)语言因素对沟通的影响

有人统计，当今世界上有 3000 多种语言。一般来说，说不同语言的人不易相互理解，而说相同语言的人则可以沟通思想；但不同的方言也会形成障碍，北京人和广东人说的是同一种语言——汉语，但一个普通的北京人是听不懂广东话的，由于大众传播的发展，现在广东人一般可以听懂普通话，同属汉语的北京话和广东话听起来完全是两种语言。与此相反，虽然挪威人和瑞典人说的不是同一种语言，但他们却可以沟通思想。

语言和非语言是人们赖以沟通的两个重要因素。共同点越少，沟通越难。以语言为例，全球说英语的人约有七亿，但英国人、美国人、印度人、澳洲人等说的英语也不尽相同。美国人称戴的小圆软帽和穿的皮靴分别是"bonnet"和"boot"；而在英国，这两个单词分别指汽车引擎的盖子和汽车的后备箱。美国人的"scheme"是阴谋的意思；英国人却是指计划。"satisfactory"对美国人来说是指"可以接受的"；而在英国外延却大得多——可解释为"令人满意的"；"最好的"。

就连标点符号的说法也不同：美国人称句号为"period"，而英国人说是"full stop"。南非共和国的官方语言为英语和"南非荷兰语"，但后者已不同于欧洲本土的荷兰语。

即使是同一种语言，由不同的人群使用，沟通时也会出现障碍。完全讲不同语言的人，在沟通时要通过翻译，此时就更容易出问题了。譬如，日本人把中国古代美女"王昭君"译成"王昭先生"。英文"喝百事——活力无限"一句在德国被译成"从坟墓中出来"；在亚洲某地被译成"百事把你的祖先从坟墓中带出来"。

(二)非语言因素对沟通的影响

在所有的文化中，大量的沟通是通过非语言进行的，非语言的暗示从抚摸、手势到身体运动等，应有尽有。非语言沟通中的误解也是数不胜数，在欧洲或中东看到两个男人行走时手牵着手，甚至环抱着肩膀，是寻常事；在许多国家，两个男人彼此亲脸颊也是平常事。但这种现象在有些国家却会被认为是同性恋的表现。

在美国的经理办公室中，上下级的讨论可能以一种非常放松的方式进行——他们可能一边喝着咖啡，一边交谈。如果经理是男的，他可能把一只脚搁在旁边的空椅子或桌子上；而在中东则全然不同，跷着二郎腿或将鞋底面对着另一个人均是粗鲁无礼的表现。在许多国家，包括欧洲的很多国家，当下属与上司说话时，下属几乎是"立正"的。在德国或澳大利亚，员工和下属与老板说话时，从不两手插兜。跟美国人交往，如果你不看着他的眼睛，让人觉得眼神游移不定，那么他就会担心你是否不够诚实，或生意中有诈。跟日本人交往如果你盯着他，他可能认为你不尊重他。有趣的是，美国西南部的印第安人跟日本人有着相同的看法。

二、信仰与行为习惯对沟通的影响

沟通者之间信仰与行为习惯的差异，必然使双方对同一事情有不同的理解。通常，我们都是戴着有色眼镜去看待别人的。下文"价值观比较"将进一步阐述由于信仰与行为习惯不同而导致的沟通障碍。

日本思想家池田大作曾说，世界分裂并相互对立的原因之一，就在于虽为同一地球的各个民族，但相互之间极其缺乏了解。

不同文化背景的人群在信仰与行为习惯方面存在着差异，这是无法回避的客观现实，沟通时产生障碍也就成为必然。这种障碍甚至冲突大到什么程度，则取决于沟通双方对另一方信仰与行为的了解与接受程度。例如：

一次，一家中国出口商向日本出口泥鳅，但发现冷库中只有黄鳝，此时发货期又近在眼前，再采办泥鳅的话时间不允许。考虑到与日本进口商是老关系，中国出口商遂将黄鳝装运出口。货到日本，日商大吃一惊，并立即要求退货，同时提出索赔要求。我出口商解释说，鉴于贵方是老主顾，这才将我们心目中营养价值更高、价格更贵的黄鳝当作泥鳅卖给你方，何故如此呢？日方回答说，黄鳝像蛇，很可怕，我们日本人是从来不吃的，泥鳅倒是吃了一百多年了。所以，黄鳝虽好，在日本却是废物一堆。结果我出口商只能接受退货并赔偿。

这是由于我出口商对日本饮食习俗缺乏了解，而未能办成事情，但若是涉及宗教问题，就可能变得非常严重。譬如，有一日商在伊斯兰教斋月期间来到中东同阿拉伯人做生意，谈判顺利结束，为了放松一下，日商坐进自己的车里抽起香烟来。不料，刹那间车窗外便聚起很多阿拉伯人，他们对着日本人指指点点。日商不知何故，为了表示友好，便不时朝窗外笑笑，谁知窗外的人群愤怒了，最后来了警察才算了事。在这个案例中，日商是出于对伊斯兰教开斋节的无知，而车窗外阿拉伯人对日商的无知则几乎到了不能容忍的程度。

全球范围内不同文化背景的人们，只有理解与尊重其他文化，才能有效地进行沟通。在现实生活中，每个地区和城市，都有自己独特的文化底蕴。譬如，在"大中华文化"这一概念下，北京、上海、广州、武汉这些大城市的文化都有自己的特点。所以，同为中国人，北京人同伦敦人、大阪人、法兰克福人、赫尔辛基人之间交往就不同于上海人同这些人的交往。这种沟通，同为跨文化沟通，但行为人之间交往的模式、遇到的障碍，可能很不相同，因而，在沟通中要注意的问题也不同。因此，我们讨论跨文化沟通时，不能笼统地说是中国人同"老外"之间的沟通，而且对"老外"也一定要细分。

改革开放至今，中国北方城市的普通居民见到外国人往往笼而统之称其为"老外"；相比之下，上海居民在涉外活动中能细致地将交往对象区别开来，如，美国人、日本人、英国人……甚至还进一步细分，谨慎地分析对方来自哪个城市，应该注意什么。这种细分，正是体现了跨文化交流中的特殊性问题。越能细分，沟通遇到的麻烦就越少，沟通也就越有效。具体沟通对象具体分析，这是跨文化沟通的精髓所在。对于多数尚无丰富经验的人来说，有必要学习、研究合作伙伴的文化——不打无准备之战，然后在交往实践中进一步完善。

在中外文化对比中，我们注意到这样一个有趣现象：在国外，如果主人邀你同车出行，他必请你坐在副驾驶的位子上，这个位置被认为是贵宾座，因为车子往往是主人自己的，你是客人自然应坐在其身边，这样也便于交流；而在国内，后座的右边是贵宾座。这种沟通上的障碍就是源于不同文化背景下的个人空间大小不同。

另外，不同文化对待时间的态度差别也很大。时间对于发达国家的人来说是极其重要的，几乎什么活动都以时间为中心，以至于如果他人不遵守时间，人们就觉得十分恼怒。而在有些国家和地区，人们对待时间就比较随便，因为这"只是时间"问题。例如，在巴西，你的合作伙伴可能让你等上 1—2 小时，他们赴约迟到是常有的事。整个拉美地区，只有圣保罗的商人最守时。有些文化则认为守时是头脑僵化的表现，如，墨西哥人和希腊人，他们的时间观念不强。

一般来说，在工业化、现代化的进程中，人们会逐渐改变对时间的看法，会变得越来越守时。准时赴约是一回事，如何花时间谈正事又是一回事。例如，有些国家的商人喜欢单刀直入，见面之后很快进入正题，而有些国家的商人通常先天南地北扯一番。如，在土耳其，商人在会见时必定会奉上一杯苦不堪言的土耳其茶，再聊上好长时间别的事才谈正事；在中东，阿拉伯商人喜欢跟你喝上 2—3 小时的咖啡，眼看天色已晚，临结束时才轻描淡写地说某事就这样定了——他们相信"欲交易，必先交友"。

由此看来，与不同文化背景的人进行沟通，必须尽可能了解有关他的情况，包括文化背景、生活习惯、历史传统、性格秉性、爱恶嗜好等，切不可莽撞死板，让人觉得你不通情达理。

第二节 专业技术人员应该如何与不同国家的人交往

随着经济全球化的发展，国际商务合作与交易等跨国经济活动与日俱增，由文化差异引起的谈判冲突日益被越来越多的学者与商务人士所重视。随着我国加入世贸组织，对外商务活动日益频繁，对外商务谈判迅速增加。谈判已成为国际商务活动的重要环节。国际商务谈判不仅是经济领域的交流与合作，而且是各国文化之间的碰撞与沟通。在不同国家、不同民族之间进行的国际商务谈判更是如此。

了解如何与不同国家的人交往，与不同国家的人交往应分别注意些什么？

一、如何与日本人交往

与日本人交往时，应当注意到日本人非常注重团结协作和团体精神。但是，其个人能力相对来说就不是那么强，特别是个人的语言能力更是差劲。日本人说话比较枯燥，内容较少，听起来很乏味。这种现象产生的一个主要原因就是日本人交往大多是在亲朋好友之间进行的，交往圈子十分窄小。

日本社会里处处充满了集体主义，几乎一做事就是团体行动。在个人与团体的配合上，日本人显得很默契，也做得非常成功。他们即使个人能力并不十分突出，甚至不能独当一面，但只要能与团体很好地配合，也往往能受到领导的重视，甚至会被委以重任。

在日本，人们并不十分强调个人的卓越能力，即使强调，也只是强调与团体的配合精神和配合能力，而不是单打独战的能力。因此，日本人很少考虑培养自己独立办事的能力，一旦有事，首先想到的也是要依赖团体。日本的各类团体遍布全国，形成一张张大大小小的网。有人说，日本人就生活在"网"里，受"网"的束缚，也得到

"网"的保护。

通常，对日本人个人与组织之间互相配合的办事能力和办事效率是不可低估的。但是，如果把日本人单独地与组织分开，他们就像离开了母亲的小孩一样感到茫然无措。在一对一的谈判或竞争中，失败的往往多是日本人。因此，对日本人应当多采取些分化瓦解的策略和手段。与一些日本人谋事，切不要轻信他们做出的承诺，因为他们的承诺是相当随便的，而且不考虑后果。

日本社会等级森严。如果一群人在一起交换名片，应让职务高的人先交换。交换时应说出对方名字，加上"先生"，千万不可接到名片后直接塞入口袋——这意味着你认为对方很不重要。接名片时应鞠躬，接到后看内容时再鞠躬。西方人一般在会谈结束时交换名片，日本人则在会谈之始。如果交换名片之后，以后再次见面而忘了其姓名，日本人会认为这是一种污辱。送礼也要根据职务高低将礼品分成不同等级，如果常务董事与董事收到同样的礼物，那么前者就会觉得这是对他的污辱，而后者则会觉得很尴尬。

跟日本商人交往，重在建立一种长期的信赖关系，就事论事，操之过急则会得不偿失——真诚友好的关系远胜过单笔交易。中国人对外谈判时，为了确保生意成功，往往喜欢先略作让步，以表诚意。跟日本人交往，这一定会事与愿违，因为在日本人眼中，首先作让步既是弱者，也无诚意。因此，如果有必要让步，那也一定要使日本人做出相应的让步，这种针锋相对、近乎固执的谈判策略能赢得日本人的尊重。日本人远不像欧美人那样对待合同严肃认真，他们可能会经常对已达成的协议要求重新商谈。所以，合同签好并不意味着大功告成，中国商人只有努力适应这种风格，才不至于造成僵局。起草合同时，也应竭力用通俗易懂的语言，因为法律术语只能招致日本人的讨厌及猜疑。谈判时带上律师更是绝对应避免的事。

二、如何与美国人交往

与美国人交往，赴约准时至关重要。早到在门外等候，晚到要说明原因并致歉。在有些国家中，故意迟到以显示自己身价的做法在美国绝对行不通。在美国人面前过分谦虚往往只能招致对方怀疑你的水平、能力和实力，因此，不能让谦虚这一传统美德成为我们被美国人小觑的原因。跟美国人一起用餐，千万别浪费食物。在国内我们浪费食物的现象很严重，而美国人对此会非常反感。在国内问别人年龄、收入、婚姻等往往是表示关心，在美国这些都是个人隐私，故回避为上策。在同日本人交往时，要注意的是建立长期的相互信任的个人间的关系；若同美国人交往也如此，美国人会认为你的产品技术等有问题，是在试图通过拉拢关系做成生意，所以，不必强求建立很密切的私人关系，还是公事公办为妙。

在与美国人沟通时，应当充分了解美国人的特点。一位评论家这样批评一些美国人的谈判方式："美国总统的顾问们颇有火药味，就像核弹一样容易爆炸，却根本不具有谈判的知识。他们往往没弄清谈判的实质问题，就对谈判中各方应遵守的原则不屑一顾。可是，他们却信心十足地奔波于各种谈判桌前。"

由此可见，美国人比较崇拜力量，认为他们的思维方式可以通行世界，在世界的各个角落发生影响，并且认为只有自己的决定才是正确的，根本不愿去听对方的陈述。这样，往往使得谈判气氛紧张、难以进行。

与一些美国人谈判通常是件极不愉快的事情，因为你不得不耐心听他们的强词夺理，也不得不去忍受他们的蛮横无理。但由于你需要这份合同，因此即使场面无法忍受，你也必须忍受。因此，与一些美国人打交道，首先要有充分的思想准备，最好是宽怀大度、机敏果断、以柔克刚。

一些美国人谈判喜欢用"不"字，这样的事常常发生在当他犹豫不决时。他不喜欢说："等等，让我想想。"而是干脆地用"不"字加以拒绝。这些人所表现出的最明显特征是虚张声势和强硬态度。

一些美国人喜欢夸张，他们总是自高自大、自以为是，因此他们的话不可全信，一切都要在拥有了真凭实据之后才能作出判断。一些美国人的强硬手段往往令人发笑，他们显得毫无风度可言。当然，性能的可靠仅仅是以他们自己的观点来看的，价格的优惠也是可以比较出来的。如果这些不能奏效，那么对簿公堂，通知谈判破裂以至发出最后通牒，这些都是他们的一贯做法。之所以出现这种情况，与美国人的性格特点有关。美国人的个人主义情绪比较浓厚，一切以自我为中心。这种意识上的自我中心论，在行动上体现出来就是不择手段地利用他人的成果达到自己的目的，甚至不惜牺牲他人。别人在他们眼里根本无足轻重，他们也不顾忌别人的自尊心。如果有谁在竞争中失败了，美国人会认为他们做得不够，表现得不够，应重整旗鼓，以期在下一轮的竞争中反败为胜。

三、如何与德国人交往

在与德国人进行交往时，应当注意到德国是一个充满理性的国家。德国人做任何事情都一丝不苟、细心谨慎，他们会把每一个细节、每一步计划都设计得十分周密，并且一步一步地去完成它。

德国人的沟通方式比较特别，他们的准备工作往往做得十分充分，一切都尽量达到完美无缺。这与他们的民族性格是相符的。德国人不喜欢含糊其辞，躲躲闪闪。如果他们希望达成这笔交易，就会明确表示自己的意愿，愿意通过谈判来取得合作。在这之中，对于如何交易、谈判的实质问题、中心议题以及要达到一个什么样的目标，德国人都会加以详细考虑，并拟出一份完备的计划表，在谈判的过程中按照这份计划表一步步地去实现。

德国人在谈判中比较固执己见，不喜欢让步。比如，如果德国人在谈判中已经提出了产品的价格，那么这个价格往往难以改变，因为德国人是经过深思熟虑才提出的，他们会极力坚持自己的意见。

与德国人打交道，必须有充分准备，做好打一场攻坚战的思想准备。在实际的谈判过程中，最好在谈判的实质问题上先行一步，抢在德国人之前谈出自己的意图，并表明立场，这也算是对德国人的一种试探。德国人比较聪明，一旦进入实质性谈判，他们善于占据主动，并按自己的意愿把谈判引入最终阶段。

四、如何与法国人交往

在餐桌上谈生意，这种习惯在法国会碰壁。法国人很注意生活情调，他们把在优美环境中的会面、小酌、喝咖啡看作是交友的好时光，也是一种令人舒心的享受，此时如果谈生意就会显得不合时宜。

法国人的自我感觉很好，但若一味奉承法国人，就会被看不起。无论是对人，还是对事，若能有根有据地指出其缺点、不足，反而能获得法国人的尊敬。法国人要求别人赴约一定要准时，而自己却常常迟到。如果有求于法国人，自己应及时赴约；对方若迟到，不必感到意外，因为这种坏习惯为普通法国人广泛接受。

另外应注意，在法国越有身份的人参加活动时，会越晚出现，以此来表明其身份。与法国人交往，应注意衣着，应根据不同的场合、活动选择合适的衣服。如果始终穿同样一套衣服经历很多活动、很多天数，就会被小觑。法国人喜欢追求完美，所以爱抱怨、发牢骚。对于这种好上加好的要求，我们可表示理解，如果真的不能做得更好，那就随他去。抱怨后，他会忘了一切。美国人表示 OK 的手势，在法国则表示一文不值，千万不要误用。

五、如何与英国人交往

与英国人交往，若不事先约定，就直接登门拜访，是失礼之举。

英国人酷爱动物，虐待动物犯法。在英国碰到对方养猫、狗之类的宠物，"平等友好"对待是良策，切勿表现出讨厌之情，更不可动手去打。但英国人唯独忌讳大象，所以，商品包装出现"象"字及其图案，绝对是下下策。

英国人认为"7"是个能带来好运的吉祥数字，而"13"则是个不吉利的数字，所以，商务活动避免 13 人参加，也不要安排在 13 日。和英国人握手时不能越过两人正在握的手去和第三人握手，因为这样交叉握手被认为会带来不幸。点火时也不可连续点三支烟，应该在点完两支后重新点火再为第三人点烟，否则被认为会给其中某人带来不幸。

英国人最怕自己被别人称老，这一点与我国截然不同。我们可以说"老张""老何"，倒过来称"张老""何老"，更表尊敬之意，后者还特别适用于称呼德高望重的老前辈。这一思维定式已经无数次使国人在对外交往中遇上麻烦与尴尬。譬如，20 世纪80 年代一批中国留学生在英国格拉斯哥举办隆重的聚会，特别邀请了大学校长的母亲。当主持人特别表示感激老夫人光临晚会而提到"老太太"时，校长大人的母亲吓得脸色苍白，夺路而逃。

英国人在得到馈赠的礼品时，必定当面打开。无论礼轻礼重，他们都会热情赞美，同时表达谢意。中国人出访英伦，务必入乡随俗，在客人走后再细看是何物被证明是不妥当的。慎用"聪明"（clever）一词，英国人常把它用作贬义词。如果英国人用它评论你时，你就需要自省有何不妥之处了；同样，也不要随便用它来夸奖英国人。英国民族个性中有保守的一面，所以，不易接受新事物。跟英国人交往，很多人会觉得他们矜持傲慢、寡言少语，其实内向而含蓄的英国人寡言少语是出于对别人的尊重，怕的是影响别人，我们完全可以消除这层顾虑而主动与其交往。

作为企业经营管理人员，与英国人在商务往来中还应注意以下几点：不佩戴条纹领带；免谈政治，包括英皇室、北爱和平、日不落帝国的消亡等；向英国出口商品，忌用大象、人像做商标、图案。

六、如何与阿拉伯人交往

与阿拉伯人进行交往时，应当了解阿拉伯人主要生活在沙漠之中，喜欢结成紧密稳定的群体。他们性格豪爽粗犷，待人热情，遇到能谈得投机的人，会很快把你视为朋友。阿拉伯人一般好客而不拘泥，最好是能和他们打成一片。他们的时间观念不是很强，不像欧洲人那样有精确的时间表。他们做事通常由性情决定，有时热情得令你不知所措，有时又会冷漠得令你无地自容。

在阿拉伯人的眼里，最为重要的是名誉和忠诚。他们认为，一个人名誉的好坏是人生的一件大事，名誉差的人无论走到哪里都会受人鄙视、遭人白眼。而且一旦名声败坏，要想补救就势必要付出巨大的代价。因此，同阿拉伯人打交道一定不要做出格的事情，应赢得他们的信任，这样就会为谈判打开一条绿色的通道。

在谈判开始阶段就给阿拉伯人留下良好的印象是十分重要的。这是制造良好气氛的开端，有助于使谈判气氛更加融洽。当然，这可能需要花很多时间，费很大精力，但是"磨刀不误砍柴工"，有了良好的开端，接下来的谈判工作就会顺利得多。

谈判者可以在制造良好气氛、获取阿拉伯人信任的开始阶段，做出一些试探性的提问，看看双方达成协议的可能性有多大。当然，这种提问要非常艺术，不能显得太露骨，否则会得不偿失。经过一段时间的努力，双方增进了了解，融洽了感情，在不知不觉中一笔生意也就可能做成了。

同阿拉伯人打交道，应有谈判被随时打断的心理准备。许多外国谈判者都对阿拉伯人的这一特点感到沮丧，但又无可奈何，只好去重新创造机会。不过，对这一点也不必过于担心，阿拉伯人的情绪是很容易点燃的，要衔接刚才的谈判气氛也不会太费心，毕竟谈判者在他们眼中是客人。

阿拉伯人信奉伊斯兰教，而伊斯兰教有很多规矩，因此，初次与阿拉伯人进行谈判的人必须特别注意，要尊重他们的信仰，即使你十分虔诚地信仰天主教，那也不要在阿拉伯人面前表现出来。不尊重阿拉伯人的宗教信仰，其后果将是不可想象的。

另外，最好不要对阿拉伯人的私生活表示好奇。尽管阿拉伯人热情好客，但阿拉伯人所信仰的伊斯兰教规矩很严，他们的日常生活明显地带有宗教色彩，稍有不慎就会伤害他们的宗教感情。通常而言，这是一个话题禁区。

七、如何与北欧人交往

在与北欧人进行交往时，应当注意到北欧人在谈判中一般都显得比较随和、平静。北欧人在谈判中不易激动，常常沉默寡言，在不该谈论的时候绝不主动表述自己的意见。他们讲话大都慢条斯理，然而有条不紊。

北欧人这种沟通方式的优点是不易被对方窥破秘密，在接下来的过程中可以把自己的立场慢慢展示出来。它的缺点是，如果所面对的是咄咄逼人的对手，就比较容易被对方压服，不利于提出谈判筹码，也不利于展开自己的观点。不过，北欧人在谈判桌上一般不玩花样，他们的态度通常比较坦率而且客观公正。他们会向你表明他们对这场谈判的立场、态度以及相关的一切情况，以此显示其诚意。

在沟通中，如果出现一些障碍，北欧人不是绕开它，而是提出一些建设性意见，做出一些有益的努力，使谈判的气氛重新开始好转。同时，北欧人不像法国人那样固执己见，斤斤计较，也不像美国人那样气势汹汹，总想为自己赚取更大的利益。

所以，当我们与北欧人谈判时，最好是投桃报李，以诚相待，不要过于死板，也不必拘泥于某一问题而拖延谈判，使得谈判出现障碍。对北欧人应该采取灵活而有效的措施，积极寻找达成协议的最佳途径。因为对方是值得信赖的，所以我们应充满信心地把事情谈好。

谈判的沟通中，我们看到了不同文化背景的人不同的沟通方式，了解了这些国家和民族的特点，知道了在与这些国家的人沟通时哪些话能说，哪些话不能说，哪些话可以多说，而哪些地方又是话题的禁区。这对于我们与不同文化背景的人沟通是十分重要的。千万不可不顾不同的文化习俗，讲那些不合场合、使人难堪甚至伤人感情的话，否则，我们在与各国友人交流时，必然会出现我们所不希望出现的结果，从而达不到我们所要达到的目的。

| 思 考 | 1. 不同国家的文化对沟通的影响主要表现在哪些方面？
2. 与德国人交往应注意些什么？
3. 与英国人交往应注意些什么？
4. 与阿拉伯人交往应注意些什么？
5. 北京要办好"世园会"就要与来自不同国家的人们交往，请找找在交往礼仪、礼节方面，不同文化（语言与非语言方面）对沟通影响的具体事例，并把它记录下来向大家宣讲。 |

语言和态度是人与人之间沟通时的两大主要方面。面对对抗的时候，有的人说出话来是火上浇油，有的人说出来就是灭火器，效果完全不同；下面的游戏的目的就是要教会大家避免使用那些隐藏有负面意思的甚至敌意含义的词语。

游戏规则和程序：

1. 将学员分成 3 人一组，但要保证是偶数组，每两组进行一场游戏；告诉他们：他们正处于一场商务场景当中，比如商务谈判，比如老板对员工进行业绩评估。

2. 给每个小组一张白纸，让他们在 3 分钟时间内用头脑风暴的办法列举出尽可能多的会激怒别人的话语，比如，"不行""这是不可能的"等等，每一个小组要注意不使另外一组事先了解到他们会使用的话语。

3. 让每一个小组写出一个一分钟的剧本，当中要尽可能多地出现那些激怒人的词语，时间：10 分钟。

4. 告诉大家评分标准：（1）每个激怒性的词语给一分；（2）每个激怒性词语的激怒程度给 1—3 分不等；（3）如果表演者能使用这些会激怒对方的词语表现出真诚、合作的态度，另外加 5 分。

5. 让一个小组先开始表演，另一个小组的学员在纸上写下他们所听到的激怒性词汇。

6. 表演结束后，让表演的小组确认他们所说的那些激怒性的词汇，必要时要对其作出解释，然后两个小组调过来，重复上述的过程。

7. 第二个小组的表演结束之后，大家一起分别给每一个小组打分，给分数最高的那一组颁发"火上浇油奖"。

相关讨论：

1. 什么是激怒性的词汇？我们倾向于在什么时候使用这些词汇？

2. 如果你无意间说的话被人认为是激怒行为，你会如何反应？你认为哪个更重要，是你自己的看法重要，还是别人对你的看法重要？

3. 当你无意间说了一些激怒别人的话，你认为该如何挽回？是马上道歉吗？

总结：

1. 很多时候往往在不经意之间说出很多伤人的话，即便他们的本意是好的，他们也往往因为这些话被人误解，达不到应有的目的。

2. 我们在说每一句话之前都应该好好想想这句话听到别人耳朵里面会是什么味道，会带来什么后果，这样就可以避免我们无意识地说出激怒性的话语。

3. 实际上，在我们得意洋洋的时候往往是我们最容易伤害别人的时候，保持谦虚谨慎的态度，不要像骄傲的孔雀一样，往往会使我们的人际关系为之改善，使人与人之间的交流更容易一些。

参与人数：3人一组，分成偶数组

时间：30分钟

场地：不限

道具：卡片或白纸一沓

应用：(1) 沟通和谈话的技巧；

(2) 消除对立情绪，提高工作积极性；

(3) 商务谈判当中，提高与人交往能力的游戏。

第五章
专业技术人员领导协调能力的培养

名言导入

真正的领导者不是要事必躬亲，而在于他要指出路来。

——米勒

本章概述

随着现代领导科学的兴起和发展，对专业技术人员领导素质和能力问题研究已越来越得到人们的重视。领导协调能力作为领导者素质和能力体系的重要组成部分，直接影响着领导活动的绩效，而测试与提升领导协调能力将为领导者实现有效领导提供必要的前提条件。

本章要点

- 专业技术人员的领导与协调
- 专业技术人员领导协调能力的构成和功能
- 专业技术人员领导素质与协调能力测评

案例开启

孔子和众弟子周游列国，曾行至某小国，当时遍地饥荒，有银子也买不到任何食物。过不多日，又到了邻国，众人饿得头昏眼花之际，有市集可以买到食物。弟子颜回让众人休息，自告奋勇地忍饥做饭。当大锅饭将熟之际，饭香飘出，这时饿了多日的孔子，虽贵为圣人，也受不了饭香的诱惑，缓步走向厨房，想先弄碗饭来充饥。不料孔子走到厨房门口时，只见颜回掀起锅的盖子，看了一会，便伸手抓起一团饭来，匆匆塞入口中。孔子见到此景，又惊又怒，一向最疼爱的第子，竟做出这等行径。读圣贤书，所学何事？学到的是——偷吃饭？肚子因为生气也就饱了一半，孔子懊恼地回到大堂，沉着脸生闷气。没多久，颜回双手捧着一碗香腾腾的白饭来孝敬恩师。

孔子气犹未消，正色到："天地容你我存活其间，这饭不应先敬我，而要先拜谢天地才是。"颜回说："不，这些饭无法敬天地，我已经吃过了。"这下孔子可逮到了机会，板着脸道："你为何未敬天地及恩师，便自行偷吃饭？"颜回笑了笑："是这样子的，我刚才掀开锅盖，想看饭煮熟了没有，正巧顶上大梁有老鼠窜过，落下一片不知是尘土还是老鼠屎的东西，正掉在锅里，我怕坏了整锅饭，赶忙一把抓起，又舍不得那团饭粒，就顺手塞进嘴里……"

至此，孔子方大悟，原来不只心想之境未必正确，有时竟连亲眼所见之事，都有可能造成误解。于是欣然接过颜回的大碗，开始吃饭。

以上这例小故事，让我们看出沟通的重要性。在生活中，和家人之间的沟通，和爱人之间的沟通，都可以增进情感，体现亲人之间的关爱和关心。而工作中的沟通，尤为重要的是部门和部门、上级和下级、同事之间的互通信息。上级关心员工，善于听取员工的意见和建议，充分发挥其聪明才智与积极性，可以提高员工的工作效率和成绩。部门和部门之间的互通，可以迅速地传递各种信息，增进配合，提高默契配合。同事之间的沟通，可以增进信息的共享，吸取不同的经验和教训。可见；工作中的沟通，对于一个公司来说，是多么得重要。

在工作中，沟通能增强员工的主人翁意识，能集思广益。沟通是从心灵上挖掘员工的内驱力，为其提供施展才华的舞台。同时缩短了员工与上级之间的距离，使员工充分发挥能动性，使企业发展获得强大的原动力。

沟通在我们的工作、生产中比比皆是。例如，我们得到一个客户的样品要求：我们需要与面料部门沟通，如何安排样品的面料；我们需要与样品部门沟通，如何最快、最好、最节省地完成这个样品的制作任务。这个时候，沟通就起到很大的作用。倘若我们想想，没有部门与部门之间的交流、讨论，那么，样品的制作、大货的生产，将会遇到多大的问题。小到只是无法完成样品，大到甚至会因此而损失一个客户。不重视沟通，将会给我们带来巨大的损失。

对于一个公司、一个团队来说，如果沟通能够被适时充分地融入到每天的工作之中，那么整个团队的表现将发生翻天覆地的变化。工作有时候就是生活的一部分，良好的沟通，能够让工作的对象变得像生活中的朋友、能够让人轻松而有序的完成任务。反之，紧张、彷徨、不可理喻的行为，往往导致的是破裂、伤害，这是十分不可取的。对于生产型企业来说，订单就是企业的命脉。而订单的取得，需要工厂和客户之间、工厂内部之间的沟通。

一个充满生机的企业，其内部的沟通一定是十分的旺盛的。因此，我们鼓励人与人之间、上下级之间的沟通。这对于一个企业的发展，将是十分关键的。

第 一 节　专业技术人员的领导与协调

"领导"概念有狭义、广义之分。狭义的领导是指名词意义上的领导者个人或集团。本书讲的是广义的领导，即动词意义上的领导活动，其定义是：领导是个人（或集团）用来影响团体成员，以实现团体目标的一个过程，并且团体成员认为这种影响是合理的，它由领导者、被领导者、领导目标、领导环境四个要素构成。

研究和讨论领导和协调之间的相互关系是什么？

一、领导概念的核心特征

这个定义涉及的核心特征表现在以下几个方面：首先，领导是一个过程或一种合理、系统、连贯的一系列行为，它直接面向团体的目标。它不是通常的那些在特定情形下采取的单个或几个行动，而是一种有着特定目标且始终如一的行为方式。其次，领导们的行动是为了对人们产生影响，使他们修正自己的行为。第三，虽然有时实施上述一系列行为的人可能不止一个，但在特定的团体中，人们总是期望一个人来履行领导者的角色。不管这些领导者是通过何种渠道产生出来的，也尽管他们的权利和义务存在一些不同点，但他们在扮演领导角色过程中展现出来的行为方式却惊人地相似。第四，追随者认为领导者施加影响是合法的，也就是说，这种影响在哪种情形下是合理的、公正的。这通常是指领导者采用非强制手段来确保追随者就各种问题保持意见一致。第五，领导者的影响旨在实现团体目标。一旦目标实现以后，领导者就开始为团体设定未来的发展目标，领导者的作用就是要帮助团体实现这一目标。图5-1总结了领导概念的核心特征。

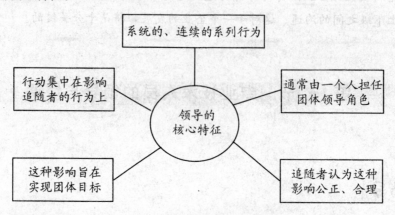

图 5-1 领导概念的核心特征

二、领导协调的内涵

领导协调就是领导者采取一定的措施和办法,使其所领导的组织同环境、组织内各个部分以及组织内外人员等协同一致、相互配合,以便高效率地实现领导目标的行为。

构成领导协调必须具备四个要素,即领导者、协调对象、协调手段以及协调目标。其中,领导者是协调主体,在协调中处于主动的、中心的位置;协调对象包括的范围很广,有组织、环境、组织内外的人员以及组织的各项职能活动,等等;协调手段是领导协调的中介和桥梁,包括协调工作所采取的一系列物质的、非物质的以及法律的等一切措施和方法;目标是领导协调想要达到的结果,目标是领导协调的原动力。

领导协调以不同的标准可分为很多类型,如,按协调的内容为标准,可以将领导协调划分为领导职能协调、组织同环境协调、组织机制协调、领导班子内部协调、人际关系协调等;按协调过程为标准,可分为事前协调、事中协调和事后协调;从领导协调的实质看,可以划分为权力协调、利益协调和心理协调,等等。

三、领导与协调的关系

领导行为很广泛,其中最重要的领导行为就是决策、用人、组织、指挥、协调和控制等几项,领导协调是领导行为中的一种,是领导者的一项经常性工作,是非常普遍的领导现象,可以说哪里有人群、有组织,哪里就有领导,就存在领导协调问题。协调可以看作领导系统的一个子系统,见图5-2。

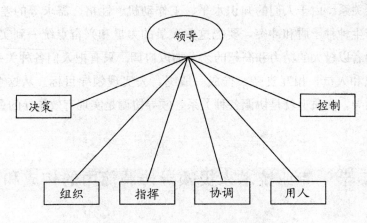

图 5-2　领导与协调关系示意图

领导与协调的关系，主要表现在以下几方面。

（一）领导协调是减少内耗和浪费、降低领导成本的桥梁和纽带

领导协调的根本目的在于提高组织的整体效能，即高效率地实现领导目标。组织是由若干个相互制约、相互联系的子系统和元素组成的具有特殊功能的整体。组织内部各子系统和各元素互相联系和作用，必然产生出某种整体效应，表现为组织系统的整体功能不等于组成该系统的各子系统和元素的功能的简单相加。这种非加和性有两种可能：一种是组织整体功能大于各部分相加之和，多出一个附加量；另一种是组织整体功能小于各部分相加之和，甚至整体功能等于零或出现负值。附加量的出现，来自于系统内部各部分和元素之间的协调作用和联系；而后种情况的出现，则是由于系统内部各部分、各元素之间不协调，各部分和元素之间力量相互抵消而产生的内耗造成的。而领导协调就是为了使组织内部协调有序，尽量减少这种内耗和浪费，降低领导成本，从而增大组织系统整体功能的附加量。

（二）领导协调是领导的一项基本职能

随着生产力的发展，人们共同劳动的领域越来越广，规模也越来越大，这种指挥和协调职能也越显重要。被人们称为现代管理学之父的巴纳德把协调作为组织系统三要素，他指出，领导最重要的职责，第一是使大家互相交流思想；第二是使大家在关键的地方一齐努力；第三才是规定硬性指标。由此可见，协调在领导和管理工作中占有极其重要的地位，是领导者和管理者的一项基本职能，没有有效协调就没有有效领导。

（三）领导协调是增进组织和人员团结统一、实现有效领导的重要手段

领导者在从事领导活动中，要同上级、同级、下级等人员发生多层次、多方位、

多角度的复杂关系。由于人们的知识水平、工作动机、性格、需求等的差异以及强度差异，必然产生种种矛盾和冲突，要把这些人员的力量和兴奋点统一到实现领导目标上，需要领导者以极大的精力和高超的艺术加以协调。只有把人们各种关系协调好了，才能团结组织和人员，相互支持，拧成一股绳，去实现领导目标。从这个意义上讲，领导者从事领导，实质上就是协调各种关系，领导协调是实现有效领导的重要手段。

第二节 专业技术人员领导协调能力的构成和功能

协调能力是领导者履行协调职能必须具备的主观条件，要搞好领导协调，必须注意研究领导者的协调能力及如何培养和提高问题。

领导协调能力有什么作用？

一、领导协调能力的特点

从心理学的角度讲，能力是直接影响人们顺利有效地完成活动的主观特征。能力按其性质分，可分为一般能力和专门能力。一般能力是指完成各种活动都必须具备的基本能力；专门能力是指完成某种专业活动所需要的能力。领导协调能力是一种专门能力。现实的领导协调能力，总是存在于具体的领导协调活动中并通过这些活动表现出来。领导者的协调能力同领导者的决策能力、组织能力、指挥能力、控制能力有机组合在一起，构成了领导者的领导能力。领导者的协调能力具有如下特点。

（二）内容的综合性

领导协调能力不是单一的能力，而是一种综合性的能力。大家知道，领导协调活动是一种非常复杂的活动。要顺利完成协调任务，单凭某一种能力是不行的，而需要多种能力共同发挥作用，这其中包括高度的观察力、辨别力、分析力、判断力、综合力、理解力、想象力、表达力，较强的决断力、组织力、应变力、抑制力和对他人的影响力、控制力，对各方面关系的调节能力，对人力、物力及各方面活动的调度能力，对各种力量的平衡能力，此外，思维的敏捷性，记忆的精确性，注意的广阔性、分配性等，也是完成协调任务所需要的能力。这种种能力以某种独特的方式合在一起，构成了领导者的协调能力。从某种意义上说，领导者的协调能力就是符合协调活动要求并影响其效果的心理特点的综合。某些领导者之所以能够在领导协调活动中取得较好的效果，原因之一就是他各种能力的综合符合协调任务的要求。从心理特征上讲，不善协调的领导者，不是能力水平过低，就是各种能力的综合不符合工作的要求。

领导协调能力内容的综合性，还表现在它总是智力因素与非智力因素的辩证统一。良好的领导协调能力不仅包含观察力、思维力、信息检索能力等智力因素，而且还包含对实现主体活动目的起积极作用的情感和意志等非智力因素。这些非智力因素，是领导者协调能力结构中的能量方面。无论在什么情况下，领导者的勇气和魄力，工作的热情，以及意志的自觉性、坚毅性、果断性等，对完成领导协调任务来说，都是不可缺少的。

（二）获得的非遗传性

领导协调能力同领导者个人的先天素质有关系，但这种素质本身只能提供某些方面的可能性。领导者的协调力，总是和领导实践紧密联系着的，是在领导实践中形成发展，并在实践中表现出来的。实践的观点，是研究领导者协调能力问题的基本观点。领导者与一个普通群众在领导协调能力上的差异，与其说是分工的原因，不如说是分工的结果。

（三）组合的差异性

任何一个领导协调能力，都是由多种不同的能力构成的。但就具体领导者来说，他的协调能力具体由哪些能力构成，这些能力当中哪些能力的水平高些，哪些能力的水平低些，这些能力相互间的关系如何，所有这一切，在不同的领导者那里，又是各不相同的。同样水平的协调能力，可能由不同的能力结构而成；完成同样的领导协调任务，可以由能力的不同结合来保证。这就是领导协调能力的组合类型的差异问题。

（四）发展的渐进性

能力的形成，依赖于自身的体验和积累。特别是像领导协调能力这样的专门能力，只有通过较长时期的实践和逐渐培养才能形成。我们说人的能力的形成发展需要一个渐进过程，并不等于说这个过程是绝对无法缩短的，更不等于说人们可以放弃任何主观努力。作为一个领导者，应当发挥自己的主观能动性，不断提高自己的领导协调能力。领导者协调能力的发展，是一个渐进的过程，也是一个无止境的过程。

（五）表现的机遇性

领导协调能力也只有在具体的领导协调活动中才能表现出来。就一个人来讲，是不是居于领导岗位，是否担负着领导协调任务，是否实际从事着领导协调活动，这对于其潜在的协调能力的实现来说，实质上也是一种机遇问题。一种能力在其没有通过具体活动表现出来之前，只是一种潜在能力。很多人具有潜在的领导协调能力，由于没有适当的机遇，所以便没能表现出来。在这种情况下，不能断言其不能具有领导协调能力。从某种意义上说，宏观协调能力和微观协调能力是有所不同的。某些具有较强宏观协调能力的人可能缺乏微观协调能力，如果大材小用，他们的宏观协调能力由于没有表现的机遇便可能表现不出来，在这种情况下，不应根据他们微观协调能力较弱，就断言他们没有协调能力。

（六）本质上的创造性

领导协调能力在本质上是一种创造性的能力。这主要是因为，领导协调活动本身，就是一种创造性的活动。有效的领导协调，绝不是维持僵死的平衡，而是打破阻碍事物发展的旧的平衡，从而在动态中实现新的、积极的平衡。领导协调的对象是发展着的，领导协调的任务也是变化着的，因此，绝不会有拿来就能解决一切问题的协调方法，也不会有永远不变普遍适用的协调工作模式。所以，要想搞好领导协调，必须创造性地开展工作，必须灵活地、创造性地运用各种协调方法和协调手段。

二、领导协调能力的构成

领导协调能力一般包括对不协调状态的认知能力、统筹调节的能力、平衡关系的能力、处理冲突的能力、沟通信息的能力等几个方面，下面分别作介绍。

（一）平衡关系的能力

领导者要保证组织协调稳定的发展，必须处理好各种关系，而要如此，就需具有平衡关系的能力。领导者平衡关系的能力主要包括以下三个方面。

1. 平衡与各个下属之间关系的能力

领导者要处理好同每个下属的关系，同时又要保持这些关系间的平衡。在这里，所谓平衡关系，就是要同各位下属都保持同样适当的距离。这在管理学上，叫做"等距离原则"。对自己的亲朋好友，要奉行"公事以外才是朋友"的准则，在公事上，一定要同他们保持距离。这一点是非常重要的。

2. 平衡各种力之间关系的能力

要想使组织的活动获得成功，并使组织健康地发展，就必须保持各种力之间必要的平衡。所谓保持平衡，就是使各种力保持一定的比例关系，从而使事物处于最利于自身存在和发展的最佳平衡状态。从这个角度讲，协调就是搞平衡，就是使各种力之间有一个适当的比例。在群体内部，正式组织和各种非正式组织的作用，也都表现为某种力。领导活动，就是要使这些力沿着领导目标的方向合成更大的合力。而要如此，除了要消除那些负方向的力之外，再就是要通过协调活动，减少各种力在合成过程中的内耗，并设法维持各种力的必要平衡。

3. 平衡各种利益关系的能力

各种人际关系、群际关系的核心，是利益关系。因此，协调人际关系与群际关系的关键就是要平衡好利益关系。要处理好国家、集体、个人之间的利益关系。不能因片面追求个人利益和集体利益而损害国家利益。在考虑国家、集体利益的时候，也不能忽视职工的个人利益。领导者要处理好组织各部门之间、个人之间的利益关系，不能离开了公平这个最高原则，否则不可能有真正意义上的利益关系的平衡。在各种利益关系中，最大的公平是机会均等。所以，领导者平衡各种利益关系，最主要的就是要为人们各展所长创造均等的机会。

（二）对不协调状态的认知能力

认识问题是解决问题的前提。对不协调状态的认知能力，是领导协调能力的重要组成部分。良好的认知能力，必须具有以下特性。

1. 深入性

领导者要具有洞察力。就不协调状态来说，有潜在的不协调和显著的不协调之分。领导者不但要善于解决现存的不协调，而且要善于洞察那些潜在的和将要产生的不协调。要居安思危，见微知著，把问题解决在萌芽状态之中。要善于深入事物的内部，透过现象看本质，正确把握各种不协调的原因和症结所在。造成不协调的原因是多种多样的，只有认清不协调的真正原因，才能对症下药。

2. 敏感性

敏感性是衡量认知能力高低的重要指标，它直接影响主体认识事物的速度和深度。一个领导者要想协调好各种关系，必须不断提高自己的感受能力，敏锐地察觉各种不协调因素，并快速地做出反应。要迅速而准确地抓住那些反映事物本质而又不易察觉的细节；特别是善于发现那些倾向性、苗头性的东西。要掌握组织正常运转的各种临界点，及时抓住发生事故的征兆和出现不协调现象的端倪。

3. 准确性

衡量一个领导者对不协调因素认知能力的高低，不仅要看其认知的速度、深度和广度，更要看其认知的准确程度。客观地、准确地认识各种不协调现象及其产生的原因，是搞好领导协调的重要基础。领导者对不协调因素的认知，一般经历如下过程：问题情境——分析推测——问题确认。问题情境是一种直观的感觉，人们此时似乎察觉到有些地方好像有点"不太对劲"，但什么地方不对，是什么原因造成的，此时还不清楚，只有经过分析推测，才能使问题明确起来。问题情境是对不协调状态认知的起点，所以必须予以足够的重视。问题情境有时倏然而逝，只有善于捕捉才能把握。从认知过程这个角度来划分，我们也可以把对不协调状态的认知能力，分为捕捉问题情境的能力、分析推测能力、对不协调状态的确认能力。

4. 全面性

领导者要有宽阔的知觉视野，这在心理学上叫做注意分配能力。注意的分配是指主体能同时注意两种或两种以上的事物和活动。注意分配能力，是从事各种复杂活动包括领导协调活动的必要条件。领导者在协调过程中必须对全局的各方面有一个全面的认识。这是因为，协调与不协调都是一种关系范畴，只有用全面的、联系的观点，才能判明系统的运行是否协调。在有些时候，某一不协调状态往往是由多种因素造成的；有些时候，还可能同时存在多方面的不协调。这就要求领导者对同时存在的多种不协调和造成不协调的多种原因有一个全面的认识。同时还要分清，哪些是全局性的不协调，哪些是局部性的不协调；哪些是根本性的不协调，哪些是非根本性的不协调；哪些是造成不协调的主要原因，哪些是次要原因，只有这样，才能有效地解决问题。

（三）统筹调节的能力

领导者统筹调节的能力主要包括以下三个方面。

1. 驾驭全局的能力

领导者驾驭全局是对全局进行调节的基础和前提。领导者驾驭全局一要借组织之力，二要靠领导者的影响。越是高层次的领导者，要想有效地控制全局，越是要靠组织的力量，所以必须善于建立和运用组织。要完善组织的控制系统，使控制覆盖各个方面。就领导者自身来说，要想驾驭控制全局，必须具有足够的影响力，领导者的影响力可分为权力性影响力和非权力性影响力两种。严格地讲，由职位和权力所造成的领导者的权力性影响力并不属于能力的范畴，但领导者要想有效地驾驭控制全局，又离不开这种性质的影响力。另外，权力的运用，也需要能力。手中没有权力和不会运用权力的人，都不可能驾驭住全局。领导协调的过程，也是领导意志实现的过程。领导协调离不开权威，但就组织协调和人际关系及各种活动的协调来说，协调的结果总是与被协调者接受调控的程度联系着的。如何使被领导者自觉自愿地接受调控、服从协调，这里面要解决的问题很多，但最主要的，还是领导者的能力问题。

2. 统观全局的能力

作为一个领导者，要对自己掌管的全局有一个全面的了解和整体性认识，特别是对整体发展的总目标和各个方面在实现这一总目标过程中的地位、作用及其相互关系，更要了如指掌。在处理各方面关系的时候，一定要有"一盘棋"思想。"全局为上"，这是领导者必须切记的至理名言。

统观全局，不但需要较强的系统观念、整体意识，而且需要明晰的宏观思路和良好的综合能力。统观全局，需要有宽阔的胸怀、宏大的气魄，更需要有观察问题的正确立场和正确方法。

3. 协调全局的能力

一方面，要有统筹的能力。统筹，就是从整体效益出发，对全局进行统一筹划，并作出合理安排，它是全局协调发展的重要保证。统筹能力，是一种高层次的运筹能力，它要求领导者高瞻远瞩，对全局的各个方面和发展的各个阶段，对战略和策略，对人、财、物、地、时等都予以全面的考虑，统筹兼顾，作出正确的决策，以指导全局。另一方面，又要有组织实施和调节的能力。在统筹基础上作出的决策和计划，必须付诸实施。在实施过程中，又要对各种不协调现象及时进行调节。对于领导者来说，统筹能力和调节能力都是不可缺少的。离开了必要的调节，也不会有全局统一协调的发展。

（四）沟通信息的能力

沟通是协调的前提。没有良好的沟通，便不可能有组织成员思想上和行动上的一致。领导者的沟通能力主要包括以下几个方面。

1. 建立和运用正式沟通系统的能力

所谓正式沟通，是指通过正式的组织程序进行的沟通，它是沟通的主要形式，所以领导者必须予以足够的重视。一个组织要想保证沟通的通畅，必须要有良好的沟通系统。一个领导者沟通能力的高低，首先表现在他能否建立起完善的正式沟通系统，并有效地运用它。一方面，要有建立、健全正式沟通系统的能力。正式沟通系统一般应与组织的结构和层次相一致，必须完整、统一、精简、有效。另一方面，还要有运用正式沟通系统的能力。我们说，领导者要善于建立和运用正式沟通系统，这绝不意味着领导者处于这个系统之外，相反，任何领导者都必须属于组织的正式沟通系统的中心，否则，便无法实现有效的领导。一个组织的沟通情况如何，同领导者的沟通的核心作用发挥得怎么样有直接关系。

2. 限制、利用和消除非正式沟通的能力

在组织内部，除了正式沟通外，往往还会同时存在非正式沟通。所谓非正式沟通是指在正式沟通渠道之外的信息传递与交流。有些非正式沟通常常能给组织带来不良影响，但有些非正式沟通如果运用得好，也可以成为正式沟通的有益补充。对于那些会给组织带来有害影响的非正式沟通，领导者要有限制和消除的能力。小道消息是非正式沟通的一种形式。产生小道消息的主要原因，是正式沟通渠道不畅，职工中有不安全感，有抵触情绪。要想消除小道消息，首先必须解决这些问题。还要注意做好传播小道消息人的工作，对那些恶意的传言者，必须严加处理。

3. 表达能力和接受能力

在沟通过程中，领导者有时是信息的发送者和传递者，因此要有良好的表达能力。首先，必须清楚地知道自己要表达的是什么以及如何综合自己的思想。其次，不但要有口头表达能力，还要有文字表达能力和手势、表情等非语言性表达能力，并要深谙各种表达艺术。再次，表达要准确、简练。最后，还要了解接受对象，即所表达的，应当是对象能够接受的。

在沟通中，领导者有时又是信息的接受者，所以又要有理解接受能力。接受能力主要由注意、理解、行动三个要素构成。这三个方面是紧密联系的，缺了哪一方面，都不能说是有良好的接受能力。一个人对信息的理解和接受程度，取决于他的智力水平、知识水平和工作经验，也与他对信息发送者的了解和信息解译能力有关系。广义的接受能力，还包括领导者在发送出信息后，接受反馈信息的能力，这对实现良好的沟通来说，也是很重要的。

4. 消除沟通障碍的能力

影响正常沟通的障碍有语意障碍、物理障碍、心理障碍和地位障碍。前两个主要指传递工具和各种物质条件的不足所造成的障碍；后两个是指社会角色差异造成的沟通障碍。领导者要特别善于消除心理上的障碍。造成沟通的心理障碍的原因是沟通双方不融洽的情感，相互间互相猜疑、互相提防和不信任的情绪，对对方的恐惧心理等。信任和不信任，是信息沟通过程中的过滤器。在不信任的情况下，真实的信息也可能会变成不可接受的。所以，领导者要不断提高自己的威信，密切同群众的感情，特别是要注意为组织创造一个和谐的心理环境，保证组织沟通的畅通。

（五）处理冲突的能力

领导者处理冲突的能力主要包括以下几个方面。

1. 处理自己与他人冲突的能力

（1）正确认识冲突的性质，恰当选择解决矛盾方法的能力

领导者作为矛盾中人，由于受角色等多种因素的干扰和限制，正确认识自己与他人的冲突往往是很难的。但只要抛开个人的私利和偏见，矛盾还是可以认识的，也是可以解决的。

（2）自律的能力

解决领导者与他人的冲突，领导者作为矛盾的一方，需有自律的能力。首先，要善于自我批评。在与他人发生的各种冲突中，有时问题在领导者身上，有时双方都存在问题，这就要求领导者勇于解剖自己，敢于承认错误。第二，要摆正自己的位置。领导者要认识到，自己与对方在真理面前是平等的。要尊重对方，切不可以权势压人。第三，要善于克制自己。无论如何，都不能感情用事，更不能动不动就发脾气，要学会制怒。冷静，理智，对处理任何冲突来说，都是非常重要的。第四，对人不能苛求。在非原则问题上，忍让和妥协是必要的。

（3）说服对方的能力

在与他人的冲突中，领导者如果能证明自己是正确的，那就要设法说服对方，使对方放弃错误的见解，改变不正确的态度，转变到正确立场上来，从而达到冲突的解决。领导者要掌握说服人的各种方法和艺术，要具有激发动机、转换动机和影响、改变他人的思想、态度、行为的能力。要善于做思想工作，学会以理服人，使对方心悦诚服地接受你的劝喻、建议、忠告、批评和帮助。解决被领导者的思想问题，要以思想教育为主。但在有些时候，在有些问题上，也可采取一些必要的行政命令手段。正确地行使领导者的权威，对解决领导者与被领导者之间的某些冲突来说，也是必不可少的条件。

2. 处理下属相互间冲突的能力

（1）预防、限制和避免破坏性冲突的能力

一是要消除可能引发冲突的各种因素；二是要创造使冲突难以产生的条件，特别是要注意创造一个良好的组织气候；三是及早发现冲突的苗头，避免冲突激化，或把冲突限制在不甚有害的范围内。研究表明，冲突一般要经历潜在对立、冲突的认知、行为出现、结果四个阶段。所谓冲突的认知，即冲突由潜在变为明显，以致可以被人们观察和感觉到。冲突认知后，解决冲突的难度将加大。因此，应力争把冲突解决在潜在阶段。

（2）处理冲突的能力

领导者在处理下属相互间冲突的时候，不但要有辨别冲突性质和判断是非的能力，而且要有公正裁决的能力和灵活运用各种处理冲突的策略、方法的能力。有些冲突需

马上处理，那就不宜拖延；而有些冲突在其发生后的最初时间里，由于双方还在"火头上"，马上处理，可能会"火上浇油"，那就不如"冷处理"，待双方都冷静下来，再进行调节。有时候，时间本身就能钝化矛盾，解决矛盾。有些冲突，通过说服、规劝和教育就能解决。此时做双方思想工作的一个最有效的办法，就是"角色扮演"。心理上的角色置换，常常能有效地促进双方的相互理解和体谅，为解决冲突奠定良好的思想基础。处理有些冲突，除了要做好思想工作外，还要采取一些必要的组织措施。有些时候，冲突的解决可能以一方胜诉为结果，而有些冲突的解决，领导者也可采取调和折中的办法。

（3）利用建设性冲突的能力

对于组织的发展来说，并不是所有的冲突都是有害的。有些建设性的冲突，能促进人们创造力的发挥。经验证明，一个组织内的建设性冲突如果过少，组织便会缺乏生气，组织的健康发展也将受到阻碍。因此，一个领导者要有控制、利用建设性冲突的能力，冲突过多时，要有办法使之减少，冲突过少时，又要有办法使之增加。在控制冲突使之保持适当的水平的同时，更要注意控制冲突的方向，使其利于组织的发展。

三、领导协调能力的作用及意义

领导协调能力作为领导力的重要组成部分，是顺利完成领导协调活动的主观条件，是领导者必须具备的能力，在领导活动和实现领导目标过程中具有重要作用。

（一）协调能力是领导者必须具备的能力

作为一个领导者，需要具备多方面的能力，其中包括预见能力、调查研究能力、决策能力、计划能力、组织能力、宣传鼓动能力、开发使用人才的能力、指挥能力、协调能力、控制能力等。对于一个领导者来说，这些能力都是不可缺少的。一个具有高超的决策能力的领导者，如果缺少协调能力，那他所作出的决策就有变成空中楼阁的危险。好的决策能力总是与好的协调能力互补的，一项好的决策只有通过有效的协调活动才能变为现实。领导协调能力是与领导组织能力、指挥能力、控制能力紧密联系在一起的。离开了有效的协调，便不可能有效地组织、指挥、控制。缺乏协调能力的人，也不会有高超的组织能力、指挥能力和控制能力。在历史上，一切杰出的领导者无不具有良好的协调能力。虽然他们的协调能力的特点、风格各不相同，但善于协调，却是他们的共同特点。

（二）领导协调能力是顺利完成领导协调活动的主观条件

领导协调活动系统是由多种要素构成的。领导者，是领导协调活动的主体。领导协调活动的实质，就是协调者（主体）作用于协调对象（客体），使之从不协调走向协调，进而提高组织整体功能的过程。在这里，主体的能动作用是至关重要的。离开了协调者的能动作用，任何有目的的组织协调活动都是不可能发生的。

要搞好领导协调，需要良好的环境条件和必要的客观条件，但也需要一定的主观条件。在顺利完成领导协调活动的各种主观条件中，领导者的协调能力是最主要的。它是其他各种主观条件得以发挥作用的基础。领导者协调能力的高低，直接影响着领导协调的效果。就一个组织来说，其领导人具不具备必要的协调能力，对其整体功能的实现和顺利发展，都是至关重要的。

第三节　专业技术人员领导素质与协调能力测评

领导者素质和能力测试是现代领导学研究的重要内容之一，它已广泛应用于领导干部的选拔任用、竞争上岗、干部培训等各个方面。

你认为领导应具备什么样的素质？

一、领导素质测评及其意义

这里讲的领导者素质综合测评，是指测评主体采用科学的方法，收集被测评者在主要活动领域中的表征信息，针对某一素质测评目标体系作出的量值或价值的判断过程。测评的含义是考试、测量和评价，即通过考试和测量等过程，对领导者进行评价的过程。领导者素质测评有重要的现实意义。

（一）领导者素质测评是鉴别人的素质差异，达到知人善任的有效手段

由于人的素质不同，社会实践不同，所以人的个性倾向和个性心理特征存在着差异。领导者素质测评是按照一定的规范，通过群众的意志，对人的素质进行定性和定

量相结合的描述，分析区别和掌握人员之间的差异，为更好地培养人才、选拔人才、使用人才，调整劳动组织，合理配备群体结构，实行人才互补，发挥集体最佳效益奠定基础。

（二）领导者素质测评是激励领导者奋发向上的动力

领导者素质测评要素能反映人的德、才、绩全貌，通过测评，可从量上勾画一幅完整的人员素质"图像"。将这幅"图像"进行反馈，并对照自我测评的情况，从中能够看到自己的长处和短处，明确自己的奋斗目标，激发自己奋发向上的热情，刻苦学习，扬长避短，在实践中不断提高自己。

（三）领导者素质测评是实现人事考核信息化、现代化的重要基础

人类正由工业社会进入"信息社会"，即知识能力社会。它以电子计算机应用为核心，将改变工业社会的生产结构、社会结构以及某些传统的观念。同时，信息也将在人事考核信息系统中大大地发挥作用。目前，运用电子计算机进行人事管理已经相当普遍，但这仅是人事的静态信息或一般信息，虽手段上有所改进，但仍属于传统的人事管理考核范畴。

素质测评则可使人事考核进入智能信息或动态信息阶段。经过素质测评，可以把各个不同时期所获得的大量数据输入计算机，运用计算机的贮存和控制，根据选择的要求，分析、诊断和区别不同类型的人才，从而建立能人信息库，提高人事考核的效度。

（四）领导者素质测评是迎接新技术革命挑战，实施人才强国战略的必然要求

当前，正在世界范围内兴起以微电子技术、生物工程、宇航工程、海洋技术以及新材料、新能源等开发和应用为主体的新技术革命。这场新技术革命对我国经济社会发展是机遇也是挑战。这种挑战的实质就是知识和智力的竞争，也就是作为知识和智力载体的人才开发的竞争，以及知识和智力转化为直接生产力过程长短的竞争。这就要求我们必须尊重知识、尊重人才，重视智力开发，加速培养现代化建设人才。为此，我国还提出实施人才强国战略。领导者素质测评能对人的知识和智力进行测量和评价，反映领导素质与实际工作岗位所担负的责任以及今后期望要求间的差距，为每个人制订培训目标和培养计划提供依据。

二、领导者素质综合测评的方法与技术

领导者素质综合测评的方法与技术有多种，这里重点介绍以下四种。

（一）考试的方法与技术

广义的考试，凡人类社会具有的测量考查、检验、评鉴和鉴别人的个别差异性质的活动，都属于考试的范畴。狭义的考试，是主试者根据一定的社会要求，采取一定的方式方法，选择一定的范围内容，对应试者的知识等诸方面或某方面所进行的有组织、有目的的测度或甄别活动。它是一种绝对评价活动，考试的主要特征：一是以可测度体系为测度对象，如知识、技能；二是标准为客观的、绝对的，是在学习者考试以前就已明确制定好了的，如教学大纲、考试大纲等。因此，它作为一种考查人的知识、技能和经验的主要方法，具有一定的可信度和效度。

自我国古代科举首创笔试以来，笔试的历史已经有 1400 年之久。现在，笔试的方法已经有了更新的发展，归纳起来主要有以下几种。

1. 客观式考试

即以客观型试题为主要试题形式的考试，它的特点是试题涵盖面广、信息量大、可控制考试过程中的误差，因此，是当今世界各国主要采取的考试形式。在我国，客观式考试试题的主要出题方式有填空、单项选择、多项选择、判断等。

2. 论述式考试

它是以论文型试题为主要试题形式的考试。特点是试题灵活、考查内容层次比较深，缺点是评分比较困难。论述式考试试题可以分为几种类型：根据作答形式，可分为限制性论述题和扩展性论述题；根据写作方式，可以分为叙述式、说明式、评价式、分析式和批驳式的论述题。

3. 论文式考试

它是以论文型试题为主要试题形式的考试，一般要求考生自己计划、构思，用自己的话来表达，它侧重于从理解与应用的角度测评考生对复杂概念、原理的理解和应用知识解决问题的能力。论文式考试试题形式有命题和案例分析等。

（二）评价中心的方法与技术

评价中心这一概念，并不是指一种机构或组织，而是指一种测评方法或技术。评价中心被认为是现代人员素质测评的一种新方法，起源于德国心理学家 1929 年所建立的一套用于挑选军官的非常先进的多项评价程序。目前世界上公认的最经典的也是使用最普遍的一种模型是加拿大评价中心技术模型。这种模型最初是美国电信电报公司于 1954 年创立的。它的主要特点是：先进行分开的情景模拟考试，然后再综合评价一个人。从各国评价中心活动的内容来看，评价中心的主要评价方法有下列几种。

1. 公文处理

公文处理是评价中心中用得最多的一种测试形式，也是被认为最有效的一种形式。

在这种测评活动中，被试者假定为接替或顶替某个管理人员的工作，在其办公室的桌上堆积着一大堆亟待处理的文件，包括信函、电话记录、电报、报告和备忘录。它们分别来自上级和下级、组织内部和组织外部的各种典型问题、指示、日常琐事与重要大事。所有这一切信函、记录与急件都要求在 2—3 个小时内完成。处理完后，还要求被试者填写行为理由问卷，说明自己为什么这样处理，对于不清楚的地方或想深入了解被试者，评价者还将与被试者交谈，以澄清模糊之处。然后主试把有关行为逐一分类，再予评分。

通过以上一系列活动，主试观察被试者对文件的处理是否有轻重缓急之分；是否有条不紊地处理并适当地请示上级或授权下属，还是拘泥于细节，杂乱无章地处理。由此来评价被试者的组织、计划、分析、判断、决策、分派任务的能力和对于工作环境的理解与敏感程度。

公文处理的形式，按其具体内容，又可以分为三种形式。

(1) 背景模拟

这种形式在正式开始前，便告诉被试者所处的工作环境，在组织中所处的地位，所要担当的角色，上级主管领导者的方式、行为风格，情景中各种角色人物的相互需求等信息，用以测评被试者的准备与反应的恰当性。

(2) 公文类别处理模拟

在这种形式中，所要处理的文件有三类：第一类是已有正确结论的、已经处理完毕归档的材料，因这类文件处理条件已具备，容易对被试者处理的有效性作出判断；第二类是处理条件已具备，要求被试者在综合分析基础上进行决策；第三类是尚缺少某些条件和信息，看被试者是否善于提出问题和获得进一步信息的要求。

(3) 处理过程模拟

这种形式要求被试者以某一领导角色的身份参与公文处理活动，并尽量使自己的行为符合角色规范。当被试者在规定时间内阅读背景材料后，主试者即宣布测评活动开始，并告诉被试者递交处理报告，被试者递交报告后即进行讨论。主试者可参与讨论或引导讨论。讨论中被试者可自由发表观点，并为自己决策辩护。在讨论中不仅是要讨论出答案，而且主试者要让被试者去预测自己的想法可能会带来的后果，并自我纠正自己的错误观点和决策，以激发其潜在的智能。

2. 小组讨论

小组讨论中典型的形式是无领导小组讨论，也是评价中心常用的一种形式。在这种形式中，被试者划分为不同的小组，每组人数 4—8 人不等，不指定负责人，大家地位平等，要求就某些争议性大的问题，例如，额外补助金的分配、任务分担、干部提拔等问题进行讨论。最后要求形成一致意见，并以书面形式汇报。

主试者一般是坐在讨论室隔壁的暗室中，通过玻璃洞或电视屏观察整个的讨论情形，通过扩音器倾听着组员们的讨论内容（当然若有条件也可以用录像机、录音机录制），看谁善于驾驭会议，善于集中正确意见，并说服他人，达成一致决议。为了增加情景压力，主试者还可以每隔一定时间，给讨论小组发布一些有关议题中的各种变化信息，迫使其不断改变方案并引起小组争议。当情景压力增加至一定的程度时，有的被试者就会显得焦躁不安，甚至发脾气，而有的则沉着灵活，处置自如，这样就能把每个人的内在相关素质暴露无遗。

小组讨论评价的评分标准如下：

- 发言次数的多少；
- 是否善于提出新的见解和方案；
- 敢于发表不同意见；
- 支持或肯定别人的意见，坚持自己的正确意见；
- 是否善于消除紧张气氛，说服别人，调解争议问题，创造一个使不大开口的人也想发言的气氛，把众人的意见引向一致；
- 看能否倾听别人意见，是否尊重别人，是否侵犯他人发言权；
- 还要看语言表达能力如何，分析问题、概括或总结不同意见的能力如何；
- 看发言的主动性、反应的灵敏性如何等。

小组讨论的形式有两种：一是角色指定形式，二是无角色自由讨论形式。前者的代表是有领导小组讨论，后者的代表是无领导小组讨论。

有关研究表明，无领导小组讨论对于管理者集体领导技能的评价非常有效。尤其是适用于分析问题、解决问题以及决策等具体领导者的素质。然而，事实表明，无领导小组讨论也有它的不足之处。

3. 管理游戏

管理游戏也是评价中心常用的方法之一。在这种活动中被组成领导小组的各位被分配一定的任务，必须合作才能较好地解决它。有时引入一些竞争因素，如，三四个小组同时进行销售或进行市场占领，以分出优劣。通过被试在完成任务的过程中所表现的行为来测评被试者素质，有时还伴以小组讨论。

管理游戏的优点是：首先，它能够突破实际工作情景时间的限制。许多行为在实际工作情形中也许要几个月甚至几年才会发生一次，这里几小时内就可以发生；其次，它具有趣味性，由于它的模拟内容的真实感强，富有竞争性，又能使参与者马上获得客观的反馈信息，故能引起被试者的浓厚兴趣。

但是管理游戏本身也存在某些缺点。首先，被试者专心于战胜对方，从而容易忽略对所应掌握的一些管理原理的应用与发挥。其次，压抑了被试者的开拓性，因为富有开创性精神的经理，会在游戏中遭受经济上的惩罚、亏本。再次，操作不便，难观察。在管理游戏活动中，被试者因为完成任务需要而来回走动，这就使观察难于进行，假若主试要求观察几个被试者的行为，该问题就更为复杂了，因为很可能某个被试者在房子的这一头，而另一个被试者却在房子的那一头。

此外，花费时间，要组织好一次管理游戏，通常需要花费很长的时间准备与实施。

4. 角色扮演

角色扮演主要是用以测评人际关系处理能力的情景模拟活动。在这种活动中，主试设置了一系列尖锐的人际矛盾与人际冲突，要求被试者扮演某一角色并进入角色情景，去处理各种问题和矛盾。主试通过对被试者在不同人员角色的情景中表现出来的行为进行观察和记录，测评其素质潜能。

（三）测量的方法与技术

所谓的测量，就是按照规则指派数字，即对个体或事物的特性作出定量的表述。凡存在的东西都有数量，凡有数量的东西都可以测量，人的素质也是可以测量的。

1. 人格测验

它是指了解人的人格个别差异所作的测验，即个性的测验。人格是个人在适应社会生活过程中，对自己、对他人、对事、对物交流时，在其心理行为上所显示出的独特个性。主要指动机、兴趣、价值观、认知、气质、情绪、自我和品格等方面的特征。西方心理学家及测验专家所设计的人格测验方法很多，归纳起来主要有如下四种。

（1）量表法

人格量表是通过个人与社会环境间交流所产生的效果上的观察，并从个人与周围环境发生的影响上去评价其人格特性。

（2）自陈法

它是由被试本人采用自我评价的方法，对自己人格特征所作的测验，自陈法多以问卷形式进行测验，问题以是非题或选择题为主，由被试者选择适合于描写自己个性的予以回答，从测验所得分数，对个人人格可获得大致的了解。

（3）投射法

投射法的人格测验，是向被试者提供一些未经组织的刺激情境，让被试者在完全不受任何限制的条件下，自由反应，使其在不知不觉中表露出人格特征。

（4）情境测验

指由主试者设计一种情境，观察被试者在情境中的反应，进而判断其人格。情境人格测验的目的，是根据个人在已知情境中的反应，去预测他在另一类似情境中也将有类似的反应。其中包括社会情境测验、压迫情境测验、作业情境测验等。

2. 智力测验

它是以测验人的智力为目标的测验。智力测验的方法比较多，依测验对象不同，大致分为个别智力测验及团体智力测验两类，在每类中又分为文字或非文字等若干种。

（1）个别测验

个别测验比较有代表性的方法有比西量表、韦氏成人智力量表、瑟斯顿量表等。

（2）团体智力测验

它是适用于多数人并可同时进行的测验。大家比较熟悉的 GM 考试，就是一种适合于团体的智力测验。测验内容包括能力倾向和学科两大部分，在能力倾向方面又包括语文与数字两部分，学科方面又包括生物学、数学、政治、人类学、心理学、物理学、化学等。

3. 能力倾向测验

它是由智力测验发展而来的对特殊能力的测验。如，测验某人有无音乐的特殊能力，有无机械的特殊能力等。能力倾向测验方法比较多，可区分为综合能力倾向测验与特殊能力倾向测验两大类。

4. 气质测量

气质类型的测量在国外开展得比较普遍，方法也很多，它主要测试人们心理活动的速度、强度、稳定性、灵活性等。

5. 性格类型测量

它是指对人的个性心理特征所作的测量。主要测试方法有德国心理学家艾森克内倾、外倾测验，英国心理学家培因理智型、意志型和情绪型三类型测验，瑞士心理学家荣格个体心理活动倾向测验，美国心脏病专家路森曼和弗里德曼 A 型性格与 B 型性格测定，等等。

6. 价值观测量

价值观是个人对客观事物的意义与重要性的总评价。它使人的行为带有个人的某种稳定的倾向性。这方面国外较为推崇的是阿尔波特、韦农和林达塞所编制的"价值观研究"量表，此量表发表于 1931 年，后来又经过多次修订。

（四）非测量方法与技术

国外人才测评除了测量的方法与技术以外，还有许多非测量方法和技术作为测量方法与技术的重要补充，并且在人才测评中发挥重要作用。主要有以下内容。

1. 书面信息分析

经常用于素质测评的书面信息有推荐信、申请表、履历、档案等。

2. 实证分析

就是测评者通过调查、分析一些实际的人与事，或借助自己认为可靠的检验手段，来证明某种预想的测评结论。实证分析的主要方法有现场调查、对被测试者体检以及对其成果进行鉴定等等。

3. 面试

人的素质有些可以通过文字形式来考查，有些用文字则不能考查，但却可以通过面试来测评。面试是一种主试与被试间的互动可控的测评形式，测评的主动权主要控制在主试者手里，测试的内容、方法可根据需要灵活调整。面试的方法通常有如下几种。

（1）问答法

即谈话式问答法，国外也叫面谈法。这种方法通常是考官提问、考生回答。

（2）结构化面试法

又称标准化面试，它与问答法的不同点在于，这种面试对整个面试的实施、提问内容、方式、时间、评分标准等过程因素都进行严格的规定，主试人不能随意改动。

（3）工作取样法

这种方法是在精心设计的与工作环境相类似的情景下，进行工作模拟考试。这种考试方式的专业性、实践性、综合性十分强，经常在选拔较高层人员时使用。主要有模拟作业、小组讨论、操作演练、工作小品等形式。

三、领导协调能力的测试

领导协调能力是领导者综合素质的一个重要组成部分。领导者素质测试的方法和技术，完全适用于领导协调能力的测试。

当然，领导协调能力的测评也有自己的特点，它可从定性和定量两个方面进行。定性分析主要是要区别领导协调能力的不同类型，特别是能力构成的差异分析。定量分析要在定性分析的基础上进行。就测评的内容来说，可把协调能力测评分为造诣测评和能力倾向测评两类。所谓造诣测评，就是测量和评价一个人已经具有的协调能力。造诣测评的方法很多，如，实际效果检验法、协调过程分析法、考试法和情境模拟实验法等。所谓情境模拟实验法，就是将被测评者置于一个模拟环境中，运用各种测评技术观察其表现，并据此测定该人是否具有协调能力，是否适合于某项工作。实践证明，运用情景模拟实验法测评领导者的协调能力，其信度和效度都是比较高的。

能力倾向测评的对象不是现有的能力，而是通过训练培养可以获得的能力。能力倾向测评的方法包括推断法和分解检测法。推断法主要是根据被测对象现有的协调能力，特别是其在一确定环境中提高的速度，来推断他的协调能力可达到的大致水平。分解检测法主要是选取领导协调能力的若干组成部分，分项进行检测，最后将考评结果综合起来，并以此评估被测评者的能力倾向。能力倾向测验多应用于缺乏实际工作经验而又准备提拔者，以选择潜能较佳者，加以培训后再任职。

下面是根据领导者素质测试方法和技术，针对领导者协调能力设计的测试。

自我测试一：有效地与人沟通能力测评

沟通确实是领导了解自己和别人的一种好方法，它也是一项鲜活的技巧，是将构想转化为行动的催化剂。没有它，领导好比一个遇难等待救援的水手；有了它，领导就像一位能准确掌握方向的船长。你属于哪一种呢？以"是"或"否"回答下列问题。

1. 定期举行团体会议，除了讨论工作，也沟通大家所关心的事务吗？

2. 你会怂恿下属提出问题并讨论吗？

3. 你能列出行动流程表，以追踪决议事项、指定负责人，并控制每项工作的进度吗？

4. 你定期召集干部开会，以检查各项目标的进展吗？

5. 你的每一位下属有一份属于他们各自的目标复本吗？

6. 你可亲吗？你鼓励下属与你做非正式的沟通吗？

7. 为了在松弛的气氛中鼓励非正式沟通，你偶尔会在办公室外（例如在饭店）举行团体会议吗？

8. 你的每一位下属都有一份说明书，上面有大致分配的主要责任吗？

9. 你的每一位下属清楚他的职权范围吗？

10. 至少每年一次不正式地评核下属的绩效，与他们讨论评核结果，并鼓励他们坦白地道出任何问题或关心的事物吗？

11. 你鼓励每一位下属讨论他自己的理想，并帮助他讨论下一个发展步骤吗？

12. 你是一位好的倾听者吗？

13. 你随时向上司汇报工作进度和你所属人员的绩效吗？

14. 你鼓励下属相互协调合作吗？

15. 你曾组织任务组或委员会，作为解决问题的方法，也鼓励他们群策群力吗？

16. 在适当场合，你曾与下属讨论有关你自己的问题，并鼓励他们提出评论或建议吗？

17. 你会鼓励你的下属寻求其他专家团体的协助与指导吗？当他人寻求你的指导时，你也同样的合作吗？

18. 当组织内有一重大的重组、政策或工作计划的改变，你会召集你的人员说明改变的理由，以及改变对他们的影响吗？

19. 你会尽可能地给予你的下属关于这些改变的进一步消息吗？

20. 你拥有一本下属可以参阅的组织（或部门）政策手册吗？

21. 当上司主持会议时，你会让同事了解你负责的范围可能有影响他们工作的地方吗？

22. 你会尽快地传达给你的下属，此次会议中将会影响他们工作的决议事项吗？

23. 你偶尔会运用脑力激荡的方法，来鼓励他们提出新的见解吗？

24. 如果可能，你会与所属成员面对面的沟通，而不使用手写的报告书吗？

25. 在你亲笔写的文件上，你会谨慎地使用诸如"机密"等字眼，并鼓励你的下属照办吗？

26. 你能尽量书写简洁清楚，避免术语与公文化吗？

27. 当你对非专业领域的人讲解时，你会特别注意避免使用专业术语吗？

28. 如果单位准备聘请顾问以从事一项重要企划，你会召集你的下属解释本企划的目的，以及对他们的影响吗？

29. 你知道你的职员正担心某一毫无根据的谣传时，你会举行会议澄清吗？

30. 当某一部属完成一件杰出的工作时，你会以私人的立场马上恭贺他吗？

得分与评价：回答"是"者每题计 1 分。

分数 25—30 分：你的三个主要沟通层面做得很出色，即上司、干部与同事之间。你鼓励他人的信心而他们也信任你，你的团体有第一流的团队精神。

分数 15—24 分：你是一位良好的沟通者，只有少数几个地方需加以改进，这些可以很快地从测验的结果中找出来。卓越的沟通者必挺立于任何组织之中，他们通常是获得快速晋升的候选人。

分数 6—14 分：在你被视为是一位优良的沟通者之前，你还有一段路要走，可能是由于你过度小心或保守，妨碍了你的想象力，也引起许多不必要的问题。切记：掌握信息者"有责任"将信息传达给需要的人，而非需要者自己要想办法去取得它！所以，放松心情开始沟通吧！这是每一位好的领导者都应具备的。

分数 5 分以下者：你认为"沉默是金"吗？你的分数的确是令人惊讶，你似乎比较乐于单独行动的工作，而非担任领导与激励人们的角色。

自我测试二：你的批评技巧测试

批评是责任，也是艺术。要想说出话来公平、有力、正确，就得下工夫。事实证明，一个懂得批评技巧的人会使人们互相沟通思想，融洽相处。下面请看看你是否这样做的。

1. 在一个朋友做了对不起你的事情后，你当面批评他，同时还在其他朋友面前讲这件事，指责他。

2. 你经常在别人面前批评自己的配偶。

3. 在批评时，你总喜欢就事论事地谈，从不把被批评者与其他人类比。

4. 你经常挑选和对方单独相处的时机进行批评。

5. 对朋友使你很不高兴的一件事情，你一次又一次地进行批评，使他对此刻骨铭心。

6. 对方有一个你也知道他改不了的不良习惯，你一而再、再而三地指责他，希望他改掉。

7. 对一个人你有三点不满意之处，你分三次向他提出。

8. 在批评时，你喜欢用"老是""从来没有"这些字眼。

9. 在指责别人时你经常使用看来"幽默"而实际上属于尖刻的措辞。

10. 你认为，为了尽可能缓和矛盾，在批评前，总要来一番说明，如"你别见怪"呀，"请你理解"呀等等，或者在批评后再表示道歉。

以上做法，1、2、5、6、8、9、10你有的话，每题减2分，没有或很少则每题加2分；3、4、7则相反，你是这样做的加2分，不这样做的减2分。未置可否、界线不明的为0分。你的得分在10分以上，说明你已基本掌握了批评的技巧，不满10分，则需要反思一下自己，在以后的工作中注意提高自己。

自我测试三：你的合作能力的测试

无论多么有个性的领导者，都必须仰仗大家的密切合作才能履行职能，完全依赖自己的力量是不能成就大事的，所以，一个领导者要有容才之量。你的合作能力强吗？你是否既乐于给予协作，又能获得支持？

1. 如果某位中学校长请你为即将毕业的学生举办一个介绍公司情况的晚间讲座，而那天晚上恰好播放你"追踪"的电视连续剧的最后一集，你是否：（   ）

A. 立即接受邀请？

B. 同意去，但要求改期？

C. 以有约在先为由拒绝邀请？

2. 如果某位重要客户在周末下午5：30打来电话，说他们购买的设备出了故障，要求紧急更换零部件，而主管人员及维修师均已下班，你是否：（   ）

A. 亲自驾车去30公里以外的地方送货？

B. 打电话给维修师，要求他立即处理此事？

C. 告诉客户下周才能解决？

3. 如果某位与你竞争最激烈的同事向你借本专业书，你是否：（   ）

A. 立即借给他？

B. 同意借给他，但声明此书无用？

C. 告诉他书被遗忘在火车上了？

4. 如果某位同事为方便自己出去旅游而要求与你调换休假时间，在你还未决定如

何度假的情况下，你是否：（　　　）

　　A. 马上应允？

　　B. 告诉他你要回家请示夫人？

　　C. 拒绝调换，推说自己已经参加旅游团了？

　　5. 你如果在急匆匆地驾车赶去赴约途中看到你秘书的车出了故障，停在路边，你是否：（　　　）

　　A. 毫不犹豫地下车帮忙修车？

　　B. 告诉他你有急事，不能停下来帮他修车，但一定帮他找修理工？

　　C. 装作没看见他，径直驶过去？

　　6. 如果某位同事在你准备下班回家时，请求你留下来听他"倾吐苦水"，你是否：（　　　）

　　A. 立即同意？

　　B. 劝他等第二天再说？

　　C. 以夫人生病为理由拒绝他的请求？

　　7. 如果某位同事因要去医院探望夫人而要求你替他去接一位乘夜班机来的大人物，你是否：（　　　）

　　A. 立刻同意？

　　B. 找借口劝他另找别人帮忙？

　　C. 以汽车坏了为由拒绝？

　　8. 如果某位同事的儿子想选择与你同样的专业，请你为他做些求职指导，你是否：（　　　）

　　A. 马上同意？

　　B. 答应他的请求，但同时声明你的意见可能已经过时，他最好再找些最新资料做参考？

　　C. 只答应谈几分钟？

　　9. 你在某次会议上发表的演讲很精彩，会后几位同事都向你索取讲话纲要，你是否：（　　　）

　　A. 同意——并立即复印？

　　B. 同意——但并不十分重视？

　　C. 同意——但转眼即忘记？

　　10. 如果你参加了培训班，学到了一些对许多同事都有益的知识，你是否：（　　　）

　　A. 返回后立即向大家宣讲并分发参考资料？

　　B. 只泛泛地介绍一下情况？

　　C. 把这个课程贬得一钱不值，不泄露任何信息？

全部答 A：合作能力强；大部分答 A：合作能力较强；大部分答 B：合作能力差；大部分答 C：合作能力极差。

自我测试四：你处理人际关系的能力如何？

你根据自己的实际情况，认真考虑下列问题，从所给备选答案中选出最符合你的一项。

1. 每到一个新的场合，你对那里原来不认识的人，总是：（　　）

A. 能很快记住他们的姓名，并成为朋友。

B. 尽管也想记住他们的姓名并成为朋友，但很难做到。

C. 喜欢一个人消磨时光，不大想结交朋友，因此不注意他们的姓名。

2. 你之所以打算结识人、交朋友的动机是：（　　）

A. 认为朋友能使你生活愉快。

B. 朋友们喜欢你。

C. 能帮助你解决问题。

3. 你和朋友交往时持续的时间多是：（　　）

A. 很久，时有来往。

B. 有长有短。

C. 根据情况变化，不断弃旧更新。

4. 你对曾在精神上、物质上诸多方面帮助过你的朋友，你总是：（　　）

A. 感激在心，永世不忘，并时常向朋友提及此事。

B. 认为朋友间互相帮助是应该的，不必客气。

C. 时过境迁，抛在脑后。

5. 你在生活中遇到困难或发生不幸的时候：（　　）

A. 了解你情况的朋友，几乎都曾安慰、帮助你。

B. 只是那些很知己的朋友来安慰、帮助你。

C. 几乎没有朋友登门。

6. 你和那些气质、性格、生活方式不同的人相处的时候，总是：（　　）

A. 适应比较慢。

B. 很难或不能适应。

C. 能很快适应。

7. 对那些异性朋友、同事，你：（　　）

A. 只是在十分必要的情况下才会去接近他们。

B. 几乎和他们没有交往。

C. 同他们接近，并正常交往。

8. 对朋友、同事们的劝告、批评，你总是：（　　）

A. 能接受一部分。

B. 难以接受。

C. 很乐意接受。

9. 在对待朋友的生活、工作诸多方面，我喜欢：

A. 只赞扬他（她）的优点。

B. 只批评他（她）的缺点。

C. 因为是朋友，所以既要赞扬他（她）的优点，也要指出不足或批评他（她）的缺点。

10. 在你情绪不好、工作很忙的时候，朋友请求你帮他（她），你：（　　）

A. 找个借口推辞。

B. 表现出不耐烦，断然拒绝。

C. 表示有兴趣，尽力而为。

11. 你在穿针引线编织自己的人际关系网时，只希望把这些人编入：（　　）

A. 上司、有权势者。

B. 只要诚实，心地善良。

C. 与自己社会地位相同或低于自己的人。

12. 当你生活、工作遇到困难的时候，你：（　　）

A. 向来不求助于人，即使无能为力时也是如此。

B. 很少求助于人，只是确实无能为力时，才请朋友帮助。

C. 事无巨细，都喜欢向朋友求助。

13. 你结交朋友的途径通常是：（　　）

A. 通过朋友们介绍。

B. 在各种场合接触中。

C. 只是经过较长时间相处了解而结交。

14. 如果你的朋友做了一件使你不愉快或使你伤心的事，你：（　　）

A. 以牙还牙也回敬一下。

B. 宽容，原谅。

C. 敬而远之。

15. 你对朋友们的隐私总是：（　　）

A. 很感兴趣，热心传播。

B. 从不关心此类事情，甚至想都没想过，即使了解也不告诉别人。

C. 有时感兴趣，传播。

测评与解释：

题号 1—15

题号	1	2	3	4	5	6	7	8	9	10	11	12	13	14	15
A	1	1	1	1	1	3	3	3	3	3	5	5	5	5	5
B	3	3	3	3	3	5	5	5	5	5	1	1	1	1	1
C	5	5	5	5	5	1	1	1	1	1	3	3	3	3	3

15—29分，处理人际关系的能力很强；

30—57分，处理人际关系的能力一般；

58—75分，处理人际关系的能力较差。

自我测试五：综合协调能力自我测评

在下列题目中每一项下边的级分中，在你认为目前达到的状况中画一个圈，由高到低，平均4分以上则比较令人满意。如4分以下，则需要进一步改进。

1. 咨询式管理。所有重要的高级管理人员是否都有效地贯彻执行了咨询式管理和维持良好人际关系的原则？（　　）

5　4　3　2　1

2. 观点。管理人员在以下各项观点上是否协调一致：目标、政策、计划、程序和日程？领导班子是否在同一时间和谐地唱一个调子，以同样的材料为依据？（　　）

5　4　3　2　1

3. 信息传递。向上向下以及所有各级组织之间的信息传递状况是否令人满意？（　　）

5　4　3　2　1

4. 灵活性。领导班子是否能使自己迅速地适应于新的情况、新的趋势和新的管理问题？（　　）

5　4　3　2　1

5. 解释。高级管理人员是否向监督人员和一般职工解释新的变革和事件对他们的影响？（　　）

5　4　3　2　1

6. 认识差距。管理者是否充分认识到把组织的目的和目标通知给职工，同时使职工有机会参与制定目的和目标有着巨大的差距？（　　）

5　4　3　2　1

7. 自我纪律。高级管理人员是否这样设计和协调各种控制措施，使得下属能及时发现问题予以改正，以免发展到必须由高级管理阶层来纠正的地步？（　　）

5　4　3　2　1

8. 平衡。各个部门的首脑是否在他们各自的专业领域同整个组织之间维持良好的平衡？（　　）

5　　4　　3　　2　　1

9. 报告。各种高级管理人员和监督人员所做的全部管理报告是否很好地予以协调？（　　）

5　　4　　3　　2　　1

10. 作业。所有的职能活动和部门之间作业是否由高级管理阶层很好地予以协调，以便使整个组织获得最好的效果？（　　）

5　　4　　3　　2　　1

思　考

1. 什么是领导协调？领导和协调有何关系？
2. 什么是领导协调能力？领导协调能力具备哪些特点？
3. 领导协调能力包括哪些方面的内容？
4. 为什么要进行领导协调能力测评？有何意义？
5. 如何进行领导者综合素质测评？
6. 上网参与一些相关的自我测试，自己给自己打分，看一看哪些方面还需要继续改善，并写出自己参与活动的心得和体会。

小实践

形式：11—16个人为一组比较合适

材料与场地：有规律的一套设备、眼罩

适用对象：所有人员

时间：30分钟

活动目的：

让学员们体验解决问题的方法，学员们之间面对同一问题时所表现出来的态度，如何达成共识，并进行配合共同解决问题。

操作程序：

1. 培训师用袋子装着有规律的一套玩具、眼罩，而后发出游戏规则：

我有一套物品，我抽出了一个，而后给你们一人一个，现在你们通过沟通猜出我拿走的物品的颜色和形状。全过程每人只能问一个问题"这是什么颜色"，我就会回答你我手里拿着的物品什么颜色，但如果同时很多人问我就不会回答。全过程自己只能摸自己的物品，而不得摸其他人的物品。

2. 现在培训师让每位学员都戴上眼罩。

有关讨论：

你的感受如何，开始时你是不是认为这完全没有可能，后来又怎样呢？

你认为在解决这一问题的过程中，最大的障碍是什么？

你对执行过程中，大家的沟通表现如何？

你认为还有什么改善的方法？

第六章

专业技术人员如何去掌握工作任务的协调方法

人们在一起可以作出单独一个人所不能作出的事业；智慧、双手、力量结合在一起，几乎是万能的。

——韦伯斯特

本章概述

工作任务协调是协调的重要方面，是专业技术人员为实现组织目标，使组织内部上下级之间、部门之间、人与人之间、人与组织之间的关系达到和谐一致，相互配合，保证组织活动和组织目标顺利进行和实现所采取的调节措施、对策和方法，它是让事情和组织行为有合适的比例，建立各种力量的平衡关系。提升工作任务协调能力对专业技术人员来说至关重要，专业技术人员必须首先掌握工作任务协调方法与艺术。

本章要点

• 掌握思想与目标的协调技巧
• 掌握"弹钢琴"的协调技巧

近来，富士康就遭遇多起员工跳楼事件。许多企业管理者都把问题的矛头指向了80后、90后的新生代员工。那么，制造企业和新生代员工之间到底为什么会有这样不可调和的矛盾呢？

制造企业由于年轻员工多，工作压力大，更有其自身特殊的管理特点。以富士康为例，其之所以能成为全球代工大王，就是因为它实行了"三高一低"的运营战略，即高交货速度、高品质、高柔韧性和低成本，通过实施人海战术24小时轮班、快速转换以抢得先机。而且为了达到低成本高效率这一目标，制造企业内部往往采用的是非常严格的层级管理制度。这一管理体制有以下特点。

第一，严格的层级制度强调对组织规则的遵守。制造业企业的管理模式基本上是准军事化或军事化管理，有非常严格的层级制度，强调纪律性和员工的高度服从。

第二，提倡为"大我"牺牲"小我"。企业希望员工不计较个人得失，努力为组织目标而工作。

现在中国制造企业的核心领导多为"50后""60后"，这类领导者的领导行为有一个共同的特点，就是他们都是依赖高度集权和超凡的个人能力进行管理和领导的，是一种英雄式的领导。在中国企业过去20多年的发展历程中，英雄式领导成为了主流。而秉持这种管理理念的领导者往往不注重制度建设，以个人直觉代替详细决策论证，凭个人好恶对员工提要求；另外，工作中不敢放权，认为员工不需要想得太多，只要执行好领导人的决策就足够了。

但是80后、90后的员工们显然对此相当抵触，对领导的行为也有不同的解读。比如说，新生代员工将自身与企业的关系看作纯粹的雇佣关系，注重工作是否能够实现自我价值，而不愿意为了企业目标牺牲自身的利益。华为的"床垫文化"、富士康的"半军事化管理"问题频出，其实就是忽略了员工个体的需求和个性。

此外，新生代员工已经具有一定的民主思想，追求平等、反感管理者高高在上、对权威也敢于挑战，对于命令式的领导方式接受度不高；对于领导吝啬授权，凡是自己说了算，员工只负责执行的做法，新生代员工会认为那是束缚了自己的才华发挥，这也是近年来员工离职率居高不下的主要原因。

如果掌握了新生代员工的特点，解决和避免目前管理中的冲突并不是难题。新生代员工关注的焦点其实很简单，核心一条就是能否实现自我价值。公司的条条框框他们是绝对可以接受的，但前提是他们在内心里认为这些东西对他们有价值。

因此在做建议方案时，主管们可考虑让员工多参与，因为这些员工并不是要求在多大程度上采纳了他们的意见，而是在多大程度上他们可以参与到决策制定的过程中来。对于已经达到一定能力水平的，要给予充分的授权和职责，给予其一个可以充分发挥自己能力，体现自身价值的舞台。

富士康实行"半军事化管理"，如同卓别林电影《摩登时代》，工人没有自己的思想、权利，纯粹是流水线上的一颗螺丝钉、一个智能机器人，自愿"加班"、不得不"任劳任怨"。而富士康的企业文化缺失，40万工人生活在相对封闭的环境，很多时候同一宿舍的人也叫不出彼此名字。高强度的工作压力，缺乏的精神关怀，在此前提下，自杀率再高也没什么意外。

第 一 节　掌握思想与目标的协调技巧

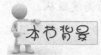

协调的目的是实现目标，而目标实现的前提是专业技术人员及其团队在思想上的统一和目标上的一致。只有统一思想，坚定了共同的目标，目标才有可能顺利实现。

思想与目标的协调有什么技巧？

一、思想协调的内容及意义

思想协调包含着丰富的内容。涉及思想政治工作学、心理学、社会学、舆论学等等。在协调中，应该有机地把它们结合在一起，贯彻到思想政治工作的每个环节，使之产生潜移默化的感染熏陶作用，防止下属产生思想上的消极、退步、混乱现象，进而统一思想，统一认识，消除杂音，形成和弦。思想协调在工作任务领导协调中具有重要的意义。

（一）思想协调是解决问题增强凝聚力

"大合唱"（大合奏）中的指挥耳听八方，旨在排除杂音，精心协调。领导者对下级的工作指导，也要及时发现问题，把影响奔向决策目标途中的种种障碍扫除干净。无论是物质方面的、客观条件方面的、还是精神心理方面的，都不能放过，以增强团队的凝聚力。

（二）思想协调是积极的平衡

矛盾存在于事物发展的全过程之中，在旧的矛盾解决之后，新的矛盾在稳定积累，这时事物进入一个平衡阶段。待事物内因发生变化，并有外因影响时，这种平衡状态就会被打破，直到新的矛盾解决，再出现新的平衡。虽然平衡只是相对的，不平衡才是绝对的，但相对平衡却是事物发展过程中不可缺少的。上级对下级的协调就是需要多做平衡工作。下级各部门及工作人员由于思想认识存在差异和不平衡，导致工作中出现不平衡现象比比皆是。为了避免工作过程中的畸形发展，防止"单项突进"或滞后缓慢，领导者就要针对团队中的思想认识问题进行分析研究，找出症结所在，进行平衡协调，使大家思想认识朝着既定组织目标趋于一致，并对工作中出现的各种问题予以积极的平衡。有人把平衡当作"和稀泥"的手段，对下级中一些矛盾采取回避、遮掩或不愿承认等态度，以求下属之间平安无事、得过且过，这是一种消极平衡心态，也不会取得良好效果。

（三）思想协调是实施激励

下级要把本职工作做好，就必须充分发挥自己的积极性，而这种积极性的挖掘和增加，除自动力以外，还需要靠上级的激励，如，思想教育、荣誉鼓励、物质满足等。上级在协调中，应立足于激励，努力达到激励之目的。适当引入竞争机制，使下级之间学、比、赶、帮，展开友谊的竞赛，把大家的热情和干劲充分调动起来。但如果对好的不予表扬，对差的不能促进，甚至容忍"掐尖""枪打出头鸟"，弄得好坏不辨，良莠混淆，矛盾丛生，那么，这种协调无疑是失败的。

二、掌握思想协调的方法与艺术

思想协调的实质就是做好人们的思想政治工作，因此，思想政治工作中为实践证明的行之有效的原则和方法，完全适用于工作任务协调中的思想协调。

（一）运用心理学原理，学会"一把钥匙开一把锁"

我们要把思想工作做到人们的心坎上，就要了解和掌握人们的心理。心理学是研究人的心理活动及其规律的科学，它侧重于从心理活动的一般规律和生理机制方面来研究人。人的心理活动是由客观事物引起的，又会在人的行为和表情中表露出来。人与人个体之间心理生理有着很大差别，只有运用心理学原理，学会"一把钥匙开一把锁"，才能把思想协调工作做好。

1. 针对人的个性和性格，坚持"一把钥匙开一把锁"

人的心理现象是复杂的，但总的来说可分为一般心理过程和个性心理特征两大类。在思想工作中，仅仅了解人们的一般心理过程还是不够的，还必须了解人们的个性心理特征。实践经验告诉我们，研究和掌握一个人的个性心理特征，是对症下药，是"一把钥匙开一把锁"的心理学依据。心理学上所说的"个性心理"，是指表现在一个人身上的那些典型的比较稳定的心理过程的特点。人的个性主要包括兴趣、习惯、智能、气质和性格五个方面，其中性格是个性的核心。人的个性是各不相同的。这是因为每个人的心理素质不同，社会经历不同，所处的政治地位和经济条件不同，所受的教育和兴趣爱好不同，因而形成了人们不同的个性心理特点。

因此我们在思想教育工作中要做到对症下药，"一把钥匙开一把锁"，首先就必须认真研究人们的性格问题。所谓性格，是指一个人在处世接物方面所表现的如何对人对己对事物的基本心理特征的综合。对他人方面的性格特征，主要表现有：集体性、坦率性、亲切性、同情心、急公好义、文明礼貌等，以及与此相反的孤僻性、隐蔽性、冷酷性、残暴性、世故圆滑、粗暴野蛮等。对自己方面的性格特征，主要表现有：自尊自重、严于律己、谦虚谨慎、克己奉公等，以及与此相反的厚颜无耻、任性放肆、自高自大、自私自利等。对事务方面的性格特征，主要表现有：独创性、坚持性、精确性、勤劳、公正等，以及与此相反的保守性、妥协性、粗率性、懒惰、偏激等。对物质方面的性格特征，主要表现有：节俭、廉洁、正直、整洁、公私分明等，以及与此相反的奢侈、贪污、奸邪、邋遢、公私不分等。由此可见，人们的性格不仅表现特征不同，而且其性质好坏也有区别，有优良性格，有不良性格，也有极为恶劣的性格。思想政治工作的任务，就是教育人们培养和树立优良的性格，克服不良的性格，反对和抛弃恶劣的性格，从而把人们引向健康成长的道路。

思想政治工作要因人制宜，对症下药，还必须研究和分析人们的不同气质。所谓气质，就是一个人在他的各种心理活动和外部动作的进程中所表现的速度、强度、稳定性、灵活性等心理特征的综合。

气质的概念是古希腊医学家希波克瑞特提出来的。巴甫洛夫用他创立的神经论给气质以科学的解释。他认为："气质是每一个个别人的最一般的特征，是他的神经系统的最基本的特征，而这种特征在每一个人的一切活动上都打上了一定的烙印。"按照心理学家和生理学家的见解，人的气质分为胆汁质、多血质、黏液质和抑郁质四种类型。胆汁质的人，又称"兴奋型"的人，情绪容易高度兴奋，思想感情发生迅速强烈，动作迅猛，精力旺盛，热情奔放，自信心强；但自控力差，脾气暴躁，容易冲动，粗鲁任性，行动具有外倾性，俗称"火暴性子"。多血质的人，认识敏感，兴趣广泛，易于接受新事物，感情变化快，喜欢言谈，富于同情心，乐于与人交往，活泼好动，不甘于寂寞；但感情常常不稳定、不持久，缺乏毅力和耐力，行动具有外倾性，有时显得肤浅、轻浮。黏液质的人，各种心理活动和外部动作相当迟缓而又非常稳健，这种人温和宁静，沉着坚定，能忍耐，有自制力，心中有数但不外露，行动具有内倾性。抑郁质的人，又称"抑制型"的人，这种人的感情体验深刻，沉默寡言，多愁善感；观察问题细致，敏感多疑，易发现消极面，其意志比较柔弱，不耐挫折，言行孤僻，不喜爱多交往，行动具有内倾性。

在日常生活中，有些人的气质属于典型的某一种类型，但大多数人是兼备两种气质的混合型。应该指出，每种气质，既有积极的一面，又有消极的一面。气质并不能决定一个人的成就和品质，它只给人的活动方式涂上一层独特的色彩。一个人要有伟大成就，要成为高尚的人，就必须树立科学的正确的世界观和人生观。这是一个人具有优良品质和取得事业成就的决定性因素。

气质虽不能在人的一生中起决定性作用，但对人的活动有重大的影响。人们在工作、劳动、学习和生活上，在选择职业、工种分配、处世交友和恋爱婚姻上，都会涉及气质问题。这不仅是每个人要注意的问题，也是我们做思想政治工作应注意的问题。在做思想工作时，不仅要针对不同气质的人，"一把钥匙开一把锁"，而且要教育人们正确对待自己的气质，发扬积极的一面，克服消极的一面，同时，还要和不同气质的人和睦相处，团结共进。

2. 了解人们的一般心理过程，掌握心理活动规律

我们认识了客观事物、心理活动与行为表情的内在联系，就能通过仔细观察人们表情和行为的各种变化，了解人们的心理活动，并通过掌握人的心理活动规律，及时抓住思想和行为的苗头，这有助于我们进一步推断人的行为活动，增强思想工作的预见性，把工作做在前头。

为了掌握人们的心理活动规律，就必须了解人的心理活动过程。心理学告诉我们，人的心理活动大体分为认识、感情、意志三个过程。所谓认识过程，就是人脑反映客观的过程，包括感觉、知觉、记忆、想象、思维等过程。所谓感情过程，就是一个人对于自己所认识、操作的事物所持态度的体验过程，我们常说的喜、怒、哀、乐、爱、恶、欲等，都属于感情的表现。所谓意志过程，就是人们有意识、有计划、顽强地为实现预定目标所表现的那种调节自我、克服困难的主观能动性作用，即一个人在表现这种主观能动性作用时所进行的心理过程。认识、感情、意志这三种过程不是孤立进行的，而是密切联系在一起的。

(二) 以理服人与以情服人相结合

思想协调的主要手段实质上就是做好思想政治工作。思想政治工作不仅要有正确的方针和原则，而且要有科学的方法和方式。解决方法问题极为重要，正如毛泽东形象地指出的那样，过河没有桥或没有船就不能过。这就是说，思想协调要讲究一定的方式方法和艺术。

1. 关心体贴、以情感人

思想协调不仅要做到以理服人，而且要做到以情感人，这样才能提高思想协调的效果。我们所说的"感情"，主要是指具有共同目标、共同理想的同志式感情。实践证明，要使思想协调取得良好效果，必须做到情真理切，情理结合。如果理和情不结合，

即使道理讲得再对，也不能打动人心。

建立感情是做好思想协调的重要条件，这就要求领导者要自觉培养与员工群众的感情，以取得他们的信任，而关心体贴就是建立感情的重要方法。人们在日常学习、工作和社会生活中，总是渴望得到组织和领导的关怀体贴和热情帮助，并把这种关怀和帮助看作是对自己的鼓励、支持和安慰。领导的一言一行、一举一动，就是见面打个招呼，也能促进相互感情的接近。

这就要求领导者在平常的工作中要经常深入员工群众，密切联系群众，关心群众疾苦，帮助群众克服工作、生活和学习中的实际困难和问题。要尊重、信任员工群众，寻求思想协调的"共鸣点"。要真心热爱员工群众，真正做到"情为民所系，利为民所谋，权为民所用"，唯其如此，才能真正得到广大员工群众的拥护和支持，思想协调才能取得理想效果。

2. 说服教育，以理服人

思想协调是为了解决团队的思想问题和认识问题，达到统一思想、统一认识的目的。解决思想认识问题只能采用民主的方法、讨论的方法、说服教育的方法，摆事实，讲道理，以理服人。因为凡事都有个道理，我们在进行思想教育时，如果不讲出一定的道理，人们就不会按照你的要求去做，或从思想上接受你的某种看法和主张，你的思想协调就成了一句空话。所以，我们提倡什么、坚持什么、反对什么，或者是去动员人们完成某项任务，从事某项具体工作，都要讲明道理，做到以理服人。

第一，要因人施教，提高思想协调效果。思想协调的对象涉及方方面面的人员，由于他们的年龄、文化程度、思想觉悟、生活经历、接受能力等都不尽相同，在对他们进行思想协调时就应该有不同的内容、不同的要求、采取不同的方式方法，绝不能搞"一刀切"，这样才能提高思想协调的效果。

第二，要说理透彻，相信事实会教育人。说理是进行思想协调的重要手段，要做到以理服人，必须说理充分透彻，即把自己所讲的道理的含义要讲准、内容要讲清、实质要讲透。同时，要说服教育别人，做到有效思想协调，还必须掌握充分的事实，坚信事实会教育人。事实胜于雄辩，事实最具说服力，要注意用事实来改变人们的观点和看法。

（三）研究人的特殊心理活动，预防和克服逆反心理

在人们的心理活动中，还有一种很微妙的特殊心理活动——逆反心理。这种心理是在特定历史环境中人们心理失衡的一种现象，是我们当前做思想政治工作的严重阻碍。所以，预防和克服逆反心理，是我们做思想政治工作必须研究和解决的一个重要问题。

所谓逆反心理是指人们在接受教育的过程中产生的一种内发的反向力量，我们把

这种不接受教育或"反教育"的心理，叫做逆反心理。比如，我们进行理想教育，有人就说"理想是空的，看不见，摸不着，没有用"，拒绝接受理想教育。又比如，我们表扬好人好事，有人就感到受刺激，甚至很反感，嫉妒表扬别人，被表扬人也会产生惧怕表扬自己的心理，等等。

为什么在思想教育中会产生逆反心理呢？这里既有历史的客观的原因，又有现实的主观原因。我们在做思想政治工作时就要针对产生逆反心理的原因，根据我们党关于思想政治工作的学说，总结以往经验教训，注意克服逆反心理带来的不利影响。

1. 必须坚持正确的作风和实事求是的原则

逆反心理的产生，实质上是对领导者和宣传教育者的不信任的表现。因为不信任，就对你讲的道理、表扬的人物、批评的事情不愿接受，甚至产生反感和离心力。为此，我们必须端正党风，发扬党的实事求是的优良作风，真正取信于民，赢得群众的信赖；同时，还要注意同群众建立感情，做到心理相融。这样，领导者讲话，群众就爱听，感到亲切可信，从而防止逆反心理的萌生。

2. 思想政治工作要旗帜鲜明，坚持"灌输"

实践证明，思想理论阵地，马克思主义不去占领，各种非马克思主义的东西就会去占领。现实生活中，对于那些以种种借口宣传怀疑和动摇四项基本原则和改革开放方针的观点，要及时地旗帜鲜明地加以批评；对那些披着各种华丽外衣来动摇人们信仰和理想的所谓"理论"，要坚持不懈地加以揭露，澄清人们的思想，坚定人们的信念，使四项基本原则和改革开放的总方针深深扎根于我国广大人民心里。这是预防和消除逆反心理最基本的一环。

3. 思想政治工作要坚持正面教育为主和科学的工作方法

在宣传教育工作中，既要揭露阴暗面、落后面，又要宣传光明面、先进面。在我们社会主义国家，光明面和先进面是本质和主流，因此，思想政治工作的主要注意力不应放在揭露阴暗面和落后面上（当然适当的揭露还是必要的），而应放在宣传和颂扬光明面和先进面上，这样才能不断焕发广大群众的进取精神和对社会主义事业的信心，强化人们对党对社会主义祖国的感情，促进人们心理的健康发展。否则，一味地引导人们过多地看阴暗面和落后面，而又缺乏正确的深刻分析，就容易使之丧失对党、对社会主义事业、对祖国前途的信心。即使对一个人来说，也应以表扬为主，否则，一味的批评，只会使他更加自卑、胆怯、失去进步的信心。久而久之，他就会同领导者对立，促进其逆反心理的产生和发展。

（四）思想协调的其他几种有效方法

除了坚持上述正确方针和原则外，思想协调还必须掌握思想政治工作的传统方法。

1. 耐心说服与严格纪律相结合的方法

耐心说服教育和严格组织纪律相结合，是中国共产党长期进行思想工作的一个重要方法，也是搞好思想工作必须坚持的一条重要原则。领导者在进行思想工作时，耐心细致是非常必要的。思想工作是很艰苦很细致的工作，没有耐心和韧劲，是做不好的。耐心细致，就是要不怕麻烦，不怕曲折，坚持不懈，直到问题得到解决、本人满意、大家也满意为止；就是要对同志满腔热情、体贴关怀，既晓之以理，又动之以情，特别是对犯了各种毛病和错误的同志更要如此。但是，说服教育并不是万能的。有些人错误一犯再犯、屡教不改，或者犯下了损害党和人民利益的严重错误，危害很大，给以适当的纪律处分也是完全必要的。纪律处分也是一种教育，在某些情况下是必须采取的重要教育手段，它可以使犯错误的人头脑清醒起来，悬崖勒马，促其思想觉悟，迅速改正错误。对广大群众也会起"警钟"作用，对于刹歪风树正气很有效果。

坚持耐心教育和严格组织纪律相结合，就是要防止两种错误倾向：一是诛而不教的惩办主义，二是教而不诛的自由主义。既要坚持说服教育，又要以理服人，也要有严格的组织纪律。

2. 普遍教育与个别教育相结合的方法

思想工作的根本目的，是为了调动和激发广大群众的积极性与创造性，使党和国家的方针政策真正为广大群众所理解与执行；同时社会主义现代化建设事业是需要千百万人的自觉奋斗才能进行的事业，因而，普遍教育占据首要地位，具有重要作用。但是它必须与个别教育相结合。个别教育是根据不同要求，针对教育对象特点而进行的，与普遍教育相对应的一种形式。普遍教育是个别教育的基础，而个别教育是普遍教育的深入。因此，领导者要把这两种方法有机结合起来，以发挥整体效应的作用。

3. 自我教育与相互教育相结合的方法

自我教育是指人们在自己的工作、学习、生活中，自觉地树立正确的人生观，努力提高自己的思想、道德、文化和工作水平，克服自身的缺点和消除错误思想的影响。其客观基础在于人人都有自尊心和上进心，关键在于领导者能否引向积极的方向发展。相互教育是充分利用人们自然形成的各种交往和关系，组成相互之间的思想帮助活动。这一形式便于深入细致地做好个别人的思想工作。领导者应设法促进这一活动形式的开展。

4. 思想教育与知识教育相结合的方法

思想教育和知识教育相结合，寓思想性于知识性之中，这种传统方法普遍有效，尤其受到追求知识的年轻人的欢迎。有的可以在思想教育中，充分运用丰富的知识内容，去启迪人们的心灵，使人们在接受教育过程中，同时得到知识启示、道德熏陶、艺术感染；有的则可以根据需要解决的思想问题，有目的有针对性地组织人们学习有关知识，通过学习和掌握知识，受到启发，提高认识，自然而然地解决思想问题。

5. 精神鼓励与物质鼓励相结合的方法

物质鼓励，指的是在坚持按劳分配的基础上，对为社会提供了超额劳动量和劳动产品以及在其他方面作出了重要贡献的先进生产者、工作者，给以实物奖励。精神鼓励，指的是对先进人物和先进集体给予表扬，授予荣誉称号，来激励人们的进步。物质鼓励和精神鼓励是调动广大群众积极性的基本措施。领导者正确开展这两种鼓励，就会使先进人物和先进集体的突出贡献和劳动功绩得到社会承认，受到人们的尊敬，就会激发出工作热情和奋发向上的精神，变成推动四化建设的物质力量。

精神鼓励和物质鼓励两者互为补充，相辅相成，缺一不可。邓小平同志曾经指出："革命精神是非常宝贵的，没有革命精神，就没有革命行动。但是，革命是在物质利益的基础上产生的，如果只讲牺牲精神，不讲物质利益，那就是唯心主义。"这就是说，领导者既不能搞空洞的说教，也不能单纯追求物质鼓励，更不能滥发奖金、实物。思想工作只有把精神鼓励和物质鼓励结合起来，才能取得良好效果，充分调动和发挥人们的积极性。

6. 领导言教与领导身教相结合的方法

思想工作，要言传和身教相结合，身教重于言教。言行一致，以身作则，这是马克思主义者的应有本色。教育者必须先受教育，绝不能对人马列主义，对己自由主义。领导者的身体力行，就是一种无声的命令，这对于发挥思想工作的威力是十分重要的。群众不光听你说得怎样，更主要的还要看你做得怎样。领导者必须严格要求自己，经常检点自己的一言一行，凡是要求群众做到的，自己首先做到，真正达到言行一致，事事处处以身作则。倘若自己的行为有失检点，一经群众指出，就要勇于改正。领导者勇敢地改正了自己的缺点和错误，并不会失去领导威信，相反的会更加受到群众的爱戴和敬佩，群众也会跟着效仿。

7. 解决思想问题与解决困难相结合的方法

人们在生产、学习、工作和生活中，之所以会产生各种各样的思想问题，有的是属于人们的认识和思想意识问题，有的则是某些实际问题导致的。这里的所谓实际问题，主要是指现实生活中的实际困难和难以处理的实际矛盾。领导者在解决群众的思想问题时，一定要注意同解决这些实际问题结合起来。如果领导者只讲大道理，不注意解决人们在生活、生产、学习、工作中的实际困难和实际问题，思想工作就不能取得良好的效果。

领导者越是关心群众，诚心诚意地帮助群众解决实际生活中的问题和困难，群众的思想问题就越容易解决，群众的积极性就越高。有些一时解决不了的实际问题，只要各级领导者能了解群众的实际需要，肯定他们的正当要求，做好说服解释工作，也会被群众谅解，甚至可以激发他们改变现状、奋发图强的热情。当然，解决实际问题时，也要注意思想教育，防止实际问题解决了，而思想问题却没有解决的现象发生。但无论如何，领导者在进行思想工作时，应把关心群众生活，解决存在的实际问题放在重要位置上，认真做好。

三、目标协调的原则及方法艺术

正如人人都有理想一样，每项活动也都有一定的目标。目标是活动的目的地，也是活动的动力和测定器。领导者为了实现既定的目标，必须在信念的支持下掌握实现目标的领导艺术。

（一）领导目标及其特点

设置目标，在管理过程中对这些目标的运用，并以这些目标鉴定个人和组织的工作，这就是著名的目标管理，即管理离不开目标设定。如果一个企业、集团和政治团体没有既定目标，领导活动就没有努力的方向，没有持久的动力。所以，目标就是领导部门领导活动、努力前进的终点和目的地。它具有如下几个特点。

1. 目标是一种有效激励

目标既是一种方向，吸引着人们向此方向努力，也是一种鞭策，它使得领导者时时提醒自己，时时检查、校正自己的领导活动，最大限度地且最简便、经济地接近目标。

2. 目标指明方向

目标是领导活动前进的终点，是领导活动追求的宗旨。这种需要是方向的需要，并且体现在整个组织之中。作为一个团体或集团，不仅应该有一个总的目标说明，而且团体内的各个组织也应有目标说明。这样，各个组织才能与集团协调一致，为一个共同的目的而奋斗。

3. 目标是领导的基础

有了目标，工作就有了步骤和轻重之分，不至于头痛医头、脚痛医脚，也不至于出现长期规划失调与短期效应频频登场。

4. 目标促进管理

目标的存在，可使领导者时时检查已取得的成就同目标的距离，回顾过去工作中的得失，从而发扬过去的成就，克服不足，最终改进管理，找到一条通向目标的成功之路。

（二）目标协调的原则

所谓目标协调的原则是指实施目标协调必须掌握的尺度和标准，它必须有利于实现有效领导，实现领导活动目标。

1. 要明确领导目标是靠别人来实现的

在对 90 位美国杰出领导人的研究之后，"领导科学大师"华伦·丹尼斯提出了领导者的四种重要能力：注意力的管理、信息的管理（即沟通）、信任的管理和自我管理。注意力管理，就是提出一个被别人接受的远景目标，并进行组织组建。信息管理，就是领导者将远景清晰地传达给组织成员，并使之转化为行动与成果的能力过程。这两项能力，一是领导者决策的"远景目标"要被他人"接受"，二是还要使之"转化为行为和成果"——即"动员支持"，即思想上接受，行为上也接受。

既然领导的行为与目标是间接的联系，目标是由手下人的行为直接达到的，那么，领导者首先要得到下属的支持，使下属以行动为其工作，否则目标就无法实现。动员是领导人赢得下属的普遍过程，无论什么样的领导人，他们都在谋求支持，即以动员谋求支持。动员成功之后，便可使下属以其自觉行为完成领导的既定目标。

还要请下属参与目标的制定，在共同的目标上达成共识。目标管理是许多国外企业和其他组织都实施的一种管理方式。目标管理的精髓就在于实现了组织目标和个人目标的完美结合，而其中最关键的一环就是，请下属参与目标的制定。这条原则在领导学中是至为重要的。在一起制定目标的过程中，因为各个下属部门或个人都会根据自己的需要，从自己的利益出发，提出对即将制定的目标的种种建议或见解，争论是不可避免。但就在这一过程中，领导者却可以洞察到目标的确立应遵循什么样的原则才能更为下属所认同，而不至于使提出的目标高高在上，不合民意或有悖于民意。另外，在这一过程中，正确的意见得到阐述，偏执的意见也会得到自我修正，实质上也是一个教育、说服和发动的过程。在领导的民主化已成为不可逆转的潮流的当今时代，传统的领导制定目标、下属服从和执行目标的做法显然已不合时代的要求。对于下属来讲，他们更需要一种实在的"主人翁"的感觉。请下属参与目标的制定，亲身的体验使他们认识到了自己主人翁的地位，认识到目标决策的科学性，从而自然而然地产生了与领导者一致的看法。相应的，主人翁的责任也就油然而生了，促使目标的付诸实施也就会成为其自觉的行动。特别是在一些大型的组织中，不可能每个人都参与目标的制定，所以派代表参与成为最切实可行的办法。如果代表们对决策目标产生了认同，那么他们就不仅会身体力行，而且会以极大的热情对目标进行宣传，使目标得到更大层面的认同，以至得到衷心拥护。此时，因为这项决策目标在情感上得到了下属的认同，下属就会自觉地把它作为自己的目标而作出自觉的努力，而不仅仅是依靠其科学的内容的感召。

2. 要明确近期目标与远期目标

任何一个健康、有生命力的集团，必须做到长远目标与近期目标的有机统一；任何一项成功的领导活动，也必须兼顾集团的长远目标和近期目标，不可偏向任何一方。一方面，领导者应立足于现实状况，从自身的素质、能力及集团的现状出发，为集团设定近期目标，并努力达到近期目标，这是维持领导活动和集团生命力的保障。因为没有近期目标或达不到近期目标，集团就如同一个企业缺乏基础设施和最基本的生产能力；另一方面，领导活动又不能在近期目标面前止步不前。实现近期目标，是为了奔向远期目标，是为了使领导活动取得更大的成功，也是为了使集团获得更强大的生命力。如果放弃长远目标，领导活动和集团的生命力就会原地踏步，领导者就会变得闭目塞听，集团就变成一个封闭的、僵死的组织，最终均会被历史淘汰出局。所以，一项领导活动、一个集团在多大程度上能积极向远期目标奔进，表明它们在多大程度上具有发展潜力和持久生命力。

坚持远期目标与近期目标的统一，就应杜绝短期效应和个人效应。所谓短期效应是指领导者奉行实用主义原则和"短、平、快"原则，只图集团一时的利益和一时的稳定；也指领导者不顾集团的长远发展或下任领导者如何工作，最大限度地或超限度地行使领导职权，动用人力、物力、财力，企图迅速地或短期内使集团的面貌焕然一新。这种做法固然使集团在短时间内获益，显示了领导者的领导方法、才能，但是它是以牺牲集团的长远发展，牺牲集团本身为代价的，有碍于集团长远目标的实现，是不足取的。所谓个人效应就是领导者为个人荣誉得失独揽大权，制造个人轰动效应。严格地讲，个人效应也属于短期效应之列，且行为更为恶劣。

（三）领导目标的协调艺术

一般说来，下级在完成任务时往往较多注意自己的小目标。当然，小目标是其本职工作，又是大目标分解后的一个组成部分，实现小目标是必要的。但有时下级容易孤立地看待小目标，使之与大目标脱节，甚至为了小目标而不惜损害相邻单位的小目标乃至整体的大目标。发生这种情况，有时是无意的，而有时则是为小团体主义所驱使，是有意的、人为的。对于这些问题，领导者必须重视目标协调：一是教育下级摆正大目标与小目标、大局与小局、长远与眼前的关系，使之自觉地经常地以大目标为基准点，不断修正和调整自己的航线和尺度；二是要通过一切手段及时地、主动地、科学地调整组织内部各种关系，使之与大目标协同一致，禁止各行其是，自作主张；三是认真实施目标责任制、岗位责任制，使下级各司其职，各负其责，各尽其力。要特别注意多项领导目标与组织外部关系和内部关系协调艺术。

1. 领导目标与组织内部关系的协调艺术

领导目标与内部关系的协调，概括地说就是人、事、物三要素的协调。协调的关键在于采取合理的措施，使人、事、物在相互联系中协调运转。加强领导目标实施过程中的统一性、和谐性、适用性，使其同步发展、有条不紊。因此，必须分清主次，分清轻重缓急，照顾好各方面的比例。内部关系的协调，主要有两个方面。

（1）领导目标与领导主体成员关系的协调

领导目标制定出来后，一把手要充分发挥自己的协调能力，搞好领导班子内部的人际关系。使班子里的每个成员围绕领导目标积极工作，共同为目标的实现出谋划策。

（2）总目标与分目标的协调

在一个领导主体中，还要搞清为根本目标服务的分目标，并把分目标落实到各个领导成员身上，再负责向所管辖的部门推行，形成责任目标。同时，使每个成员明白各自责任目标同根本目标的关系，责任目标对实现根本目标的价值。从而把各个部分结合成为一个有机的整体，使组织全体成员积极主动分工合作，协调一致，统一行动，最大限度地提高工作效率，实现领导目标。

2. 领导目标与组织外部关系的协调艺术

（1）与政府（政策）的协调

任何一个组织的决断目标均受国家的法律政策和制度所左右。上级对下级的领导和管理是通过组织制度和方针政策进行的。所以，一个决断目标是否正确，是否得到许可，首先是看符合不符合国家方针政策和法律规定。如果符合，就会得到社会的承认，也便于在本组织确定上下对应的目标、政策和制度，使本单位的人员在工作中有广泛的社会基础。这种协调属于方向路线上的协调，特别重要；否则就要犯原则性的错误，投入的资源就可能是盲目的、无效的。

（2）与上级机关（或领导人）的协调

主管机关或领导人把党和国家的方针政策具体化为行业政策、地区政策，对组织来说，这是直接领导和管理。领导目标必须要和上级机关的政策要求相一致。领导者要认真听取、消化上级的指示、意图，虚心接受上级的监督、指导、批评，与上级保持最密切的关系。这种积极与上级协调一致的工作方法不但有利于决断目标的形成，而且还可以得到上级领导人的支持，有利于决断目标的实现。

（3）与社会的协调

领导者不仅要利用宣传、公关等手段与社会协调，而且要真正树立为社会服务、为人民服务的意识，努力通过本单位的工作、产品、劳务、服务来满足社会的需要，使决断目标得以实现。

（4）与竞争者的协调

在社会主义市场经济条件下，"竞争者才是真正的伙伴"。要把竞争对手看作是合作者，没有他就无法实现自己的目标，在互惠互利中，尽量促成双方满意、皆大欢喜的局面。

（5）与其他方面的协调

比如与外省、外县市、外单位以及其他社会团体等，也要加强团结协调。在有些时候，虽然没有责任和义务，但还是要考虑周全，妥善处理，提高本组织在社会中的声誉，有利于决断目标的实现。

第 二 节　掌握"弹钢琴"的协调技巧

在现实生活中，专业技术人员的工作任务可以说千头万绪，纷繁复杂。如何应对这些复杂局面和工作任务，既善于抓"大事"，又不丢"小事"，有效实现活动目标，就要求专业技术人员领导者学会"弹钢琴"的协调方法和艺术。

什么是"弹钢琴"的协调方法？

一、"弹钢琴"协调的内涵

"弹钢琴"是一项非常重要的工作任务协调方法和艺术。它借用现实生活中弹钢琴的方法和技巧，来指代领导者的工作要统筹全局和掌握主旋律，既要抓住中心工作，又要围绕中心工作同时开展其他方面的工作。

毛泽东同志对"弹钢琴"的协调方法和工作方法，有着精辟的总结和论述。他要求每个领导者在领导方法和工作方法上都应该善于统筹全局，抓住工作的中心，学会"弹钢琴"。他指出，"弹钢琴要十个指头都动，不能有的动，有的不动。但是，十个指头同时按下去，那也不成调子。要产生好的音乐，十个指头的动作要有节奏，要互相配合。党委要抓中心工作，又要围绕中心工作而同时开展其他方面的工作。我们现在管的方面很多，各地、各军、各部门的工作，都要照顾到，不能只注意一部分问题而把别的丢掉。凡是有问题的地方都要点一下，这个方法我们一定要学会。钢琴有人弹得好，有人弹得不好，这两种人弹出来的调子差别很大。党委的同志必须学好'弹钢琴'。"

毛泽东同志在《关于领导方法的若干问题》中还特别强调，"在任何一个地区内，不能同时有许多中心工作，在一定时间内只能有一个中心工作，辅以别的第二位、第三位的工作……领导人员依照每一具体地区的历史条件和环境条件统筹全局，正确地决定每一时期的工作重心和工作秩序，并把这种决定坚持地贯彻下去，务必得到一定的结果，这是一种领导艺术。"

二、"弹钢琴"的基本要求

对领导者来说，学会"弹钢琴"的领导艺术，需要在理论上和实践上正确地认识和掌握三个基本问题。

（一）要从实际出发，抓准抓紧中心

领导者要按照事物发展的客观规律要求去抓中心工作，要根据各个不同的具体情况去提出一定时期内的中心任务。只有这样，才能抓准中心。正确的中心任务一经提出，作为领导者，就应当集中力量去加以实践和完成。也就是对于主要工作不但一定要抓，而且一定要抓紧，"抓而不紧，等于不抓"。

而要抓准抓紧中心任务，必须坚持从实际出发，尊重客观规律。否则，就会在认识上和实践上发生偏差，给组织带来不必要的损失。因此，对领导者来说，应当注意解决以下三个带根本性的问题：一是在规定中心任务时切忌主观片面性；二是提出正确的中心任务之后，必须坚定不移地贯彻下去；三是实现和完成中心任务必须集中主要力量，而不能平均地分散使用力量。树立全局观点，方能集中力量完成中心任务。

（二）要全局在胸，抓住本质

领导者要把辩证唯物主义的基本原理运用于自己的领导工作实践中，正确认识矛盾发展的不平衡性，分析矛盾诸方面的地位和作用，从全局着眼，抓住主要矛盾。要善于运用主要矛盾的理论，抓住主要环节，才能在实际工作中体现抓住中心带动一般，反映全局的本质的要求。领导者要在组织发展的各个不同阶段，从实际出发，正确提出中心任务；正确地处理中心和一般的辩证关系，确立抓住中心就是抓住全局和本质的观念；善于对干部和群众进行抓住中心带动一般的教育。这样，领导者才能卓有成效地集中主要力量做好那些关系全局的中心工作。

（三）坚持抓住中心带动一般的原则

抓住中心带动一般，这是领导者要把主要矛盾的理论应用于领导方法和工作方法的一个简明的概括。它是一个重要的领导原则。领导者要学会"弹钢琴"的领导艺术，首先就要掌握这个原则。第一，要认识中心和一般的内在联系。中心是针对一般而言

的，没有一般就没有中心。如果把中心和一般对立起来，或者强调抓中心而丢掉一般，这是一种形而上学片面性的表现。按照辩证法，主要矛盾和次要矛盾，矛盾的主要方面和次要方面，不是彼此对立和割裂的，而是相互依存、互为前提的。因此，强调抓中心，不能忽视以至取消一般。否则，也就无所谓中心了。第二，要抓紧中心又要反对"单打一"。"单打一"，就不能抓住中心带动一般。所以，"弹钢琴"的领导艺术，强调领导者不能单打一，既要抓紧中心工作，又要围绕中心工作而同时开展其他方面的工作。第三，要为实现抓住中心带动一般而努力创造条件。领导者要实现带动一般，需要做许多工作。首先，要努力从各方面发挥中心工作对一般工作的推动作用；其次，要在完成中心任务的过程中，努力为其他问题的解决开辟道路；再次，要善于利用中心工作的实践经验指导其他一般工作的健康发展。

三、"弹钢琴"需要注意的几个问题

在领导工作中学会"弹钢琴"，除了必须掌握上述三个基本问题外，还要注意以下四个方面。

（一）高瞻远瞩，规划全局

领导者的任务是率领组织成员朝着正确的目标和方向前进。所以，领导者必须善于站在较高的层次上规划全局，加强战略思考，明确组织的目标和方向，并且把它贯彻在具体的组织活动中。规划全局，是指领导者要善于从组织的根本利益出发制定组织发展战略，并能够协调运用组织各种资源为组织的全局利益服务，实现组织目标。

有战略观念的领导者需要正确处理眼前与长远的关系，尽可能把长远利益和眼前利益紧密结合起来，求得两者有机统一。从战略制定的要求来看，应该特别强调的是，不能为短期利益而牺牲长远利益。领导者要立足当前，放眼未来，保持眼前利益和长远利益的辩证统一，这是把握全局的突出要求之一。

全局总是由各个局部组成的，没有局部就没有全局。但是，各个局部通过有机的结合所构成的全局并不等于各个局部的简单相加之和。因此，全局高于局部，全局统帅各个局部的活动，决定各个局部在全局中的地位和发展方向。局部是构成全局的基础，没有局部就没有全局，局部的状况如何，对全局具有很大的影响，特别是那些具有重要意义的关键性的局部对整体也能起到决定性作用。局部服务于全局，同时对全局又发生影响，因此领导者在处理问题时既要从全局着眼，又要注意把握一些关键性因素。

领导者应该善于在保证全局利益的前提下，兼顾和协调局部利益，协调好全局和局部的关系，以组织的整体利益为根本出发点，从全局的根本利益着眼，以此为出发点和归宿来考虑和处理问题。

全局是个广大的系统，系统是有层次的，在处理上下层次关系时，上一个层次的战略统率下一个层次的战略，微观战略要服从宏观战略，即各地区各部门，应当在整体战略指导下，制定组织自身的发展战略，与整体战略相一致。这种上对下的制约和下对上的服从，是维护整体的有效性和完整性的必然要求。当然上一个层次的领导者在制定战略时应当给下一个层次的领导者留有一定的活动余地，保留一定的弹性，不要统得过死，以便于下一个层次的领导者再结合本地区、本部门的情况，制定具体的实施战略中表现出应有的主动性。

作为领导者必须要牢固树立全局观念，通观全局，规划全局，把握全局，充分调动组织中各个局部的积极性和主动性，协调组织中的各种要素，维护全局利益，推动组织目标的最终实现。

（二）要立足整体，统揽全局

统揽全局，是指领导者在思考问题、处理问题时必须具有全局观念，不能只见树木，不见森林，重视局部利益而忽视了整体利益。统揽全局，必须研究组织内务要素的排列组合及系统结构、层次，按照最优化原则配置各种资源。全局是一个系统，它要求把组织作为一个整体来对待。整体性特征着眼于系统要素之间的排列组合的有序性，而不是着眼于某一要素的状况，因而现代领导活动所追求的是系统的整体效益，而不是某个系统要素的局部制胜。如果片面强调局部和环节不顾全局，全局的利益可能就会受到损害。按照整体性原则的要求，在现代领导活动中，应当立足整体，统筹全局，科学地协调各局部的关系，借以保证整体的最优化。

现代领导者必须树立系统和整体观念，这是领导活动规律的客观要求。一切事物，包括领导活动，它们之所以是系统的，是由于它们是由相互作用和相互依赖的若干部分组成的具有特定功能的有机整体。系统思想的精髓，在于强调系统的非加和性，强调整体大于孤立部分之和。因而领导者必须根据领导系统的整体特性，遵循领导行为规律，发挥领导系统的整体效应，这是领导思考和处理一切问题时始终要坚持的基本出发点、基本原则和方法。系统和整体观念，要求把领导活动本身和领导的一切对象，作为一个有机整体来思考。系统和整体的思维方法则要求我们始终把对象作为整体对待，从整体出发，进行系统分析，了解部分，分析结构，研究联系，把握功能，弄清历史。特别要注意全局和局部的有机联系，既相互影响又相互制约的关系，进行综合分析，统筹兼顾，全面安排，使整体处于最佳状态，实现总体功能的优化，并为更大系统的全面效益服务。

在现实的领导活动中，地方主义、本位主义、分散主义等，都是违反系统和整体观念的表现；领导工作头痛医头，脚痛医脚，领导者不是当"救火队"，就是当下级的保姆，也是因为违背了系统性原则。一个部门、一个单位在全局中处于何种态势，应该根据整体发展目标，扬长避短，发挥自己优势，在全局中求发展。也正因为如此，任何一个组织，必须有应变的措施和方案，及时地和全局协调发展。

领导者要把握领导系统的结构层次性特点。领导系统是有结构的，其结构又是分层次的。领导系统的结构合理，层次分明，领导活动的组织化程度较高，各级领导者就能各司其职，互不干扰，充分施展自己的才能，从而发挥出较高的领导效能。只有在合理的层次结构条件下，各层次所需要传输的信息量最小，系统复杂化程度最低，而且领导系统也最容易实现优化的运营，达到整体最佳效益。

（三）着眼目标，控制全局

控制过程是为了确保组织目标以及为此而拟定的计划能够得以实现，根据事先确定的标准和因发展的需要而重新确定的标准，对组织的工作进行衡量、测量和评价，并在出现偏差时进行纠正，以防止偏差继续发展和今后再发生；或者，根据组织内外情况的变化和组织的发展需要，在计划的执行过程中，对原计划进行修订或制订新的计划，并调整整个领导工作过程。因此，控制工作是领导工作的一项重要职能。

控制能力是指领导者驾驭和支配各种要素，及时发现计划执行过程中的偏差，并采取相应的措施予以纠正，使组织目标稳步推进的能力。组织内、外环境复杂多变，各种不确定性因素的存在，使得以实现组织目标为目的的计划在执行的过程中必然会遇到许多未预见到的情况，所以在计划的执行过程中没有控制是不可想象的。领导者要善于通过各种渠道，运用正确的方法监督计划的执行情况，并且及时掌握各种信息，及时发现执行中的错误，作出适当的修正。

控制工作包括确立标准、衡量成效、纠正偏差三个基本步骤。为了实现控制，都需要在计划执行前确立控制标准，然后将输出的结果与标准进行比较；如果发生偏差，则采取必要的补救措施，使偏差控制在容许的范围内。控制系统实际上也是一个信息反馈系统，通过信息反馈，发现领导活动中的不足之处，促进系统进行不断的调整和改进，以逐渐趋于稳定、完善，直至达到优化的状态。

作为领导者，要明了对全局的控制主要通过以下五个方面实现。

1. 通过控制趋势来控制全局

对于控制全局的领导者来说，控制变化的趋势，及时发现可能出现的偏差，预先采取措施，调整计划，这要比发现偏差，纠正偏差要重要得多。

2. 通过控制关键因素控制全局

领导者的主要责任是确立目标，选择战略和进行重大决策，所以，对于领导者来说，不必注意计划执行过程中的每一个细节，只需注意那些对全局具有关键意义的因素。对于关键因素的控制，不仅能够使领导者集中精力，还能够提高控制的效率，也就是以最少的投入和代价把握对计划的偏离情况，查明出现偏差的原因，提高控制的效力。领导者只要能够将注意力集中于这些关键的因素上，就能抓住关键点，也就能够控制住全局。

3. 通过领导者自身的领导权威控制全局

领导者的权威体现的是权力因素和非权力因素的和谐统一，它存在于领导者和被领导者的关系中，是领导者的吸引力、凝聚力、感召力在被领导者之中形成的一种心悦诚服的影响力和心理认同感。领导者的权威体现的是领导者和被领导者之间的和谐性，是恰当运用权力的结果。没有领导权威的领导者不可能在被领导者中建立真正的认同感，失去领导权威的领导者只是依靠强制力，它无法维持长久，并最终会由于领导者和被领导者不和谐的关系导致职务的最终丧失。领导者如果没有权威，是难以实现对全局的控制的。特别是在出现一些危急情况的时候，没有权威的领导者就会丧失对全局的控制能力。

4. 通过提高主管人员的素质实现对全局的间接控制

在组织系统中，主管人员的素质如何会决定组织目标的实现程度，主管人员的素质越高，越能胜任自己的工作。具有良好素质、较强能力的主管人员能够出色地完成自己的本职工作。这意味着领导者控制全局最有效的方式，就是采取措施尽可能地保证主管人员的高素质、高水平，这种控制方法被称为"间接控制"。实践证明主管人员及其下属的素质越高，领导者越不需要进行直接控制。领导者可以通过提高主管人员素质的方法，把工作失误降到最低限度，实现对全局的有效控制。

5. 通过对重大特殊情况的处理控制全局

领导者为了实现有效的控制，只需要把注意力集中在那些超出一般情况的特别好或特别坏的事情上，这样就能最大限度地提高控制工作的效能和效率。

（四）把握方向，协调全局

组织目标确定之后，就要通过计划的执行、检查和调控，有效地利用组织中的人力、物力和财力等资源，合理安排组织中的各种活动，推动组织目标的实现。

领导者把握全局的能力，着重体现于对全局的调控能力。把握方向、协调全局是领导者必须具备的重要领导能力之一。所谓调控能力就是协调和控制能力，包括协调和控制这两个密切相关的基本方面。协调能力是指领导者通过一定的形式、方法和手段，使组织中各方面因素协调一致、互相配合，从而提高组织的整体效能。

领导者对全局的协调，主要体现在目标协调和人际关系协调这两个大的方面。目标协调，主要包括组织的长远目标与当前目标的协调、个人目标与组织目标的协调、组织目标与社会责任的协调；人际关系协调，主要包括组织内部领导集体成员间关系的协调、领导者与被领导者之间关系的协调、组织内各个部门之间关系的协调。

任何组织都不可能是孤立存在的，它总是处于一定的社会环境之中，受到各种客观环境因素影响和限制。因而，组织目标的制定必须充分考虑各种环境因素，从全局出发，使组织目标和社会需要有机地结合起来。环境因素既包括经济环境，也包括政治环境和社会环境。忽视环境因素，只从组织内部着眼确定组织目标，必然会使组织目标与社会需要相脱离，这样的组织目标在推行的过程当中必然会遇到各种阻力，最终难以达成。领导者应该善于了解和把握组织所处的外部环境要素，善于把社会需要与组织的具体情况结合起来，正确地定位组织目标。

组织处于社会之中，所以组织的发展必须得到社会的认可，符合社会的需要。现代社会是一个相互依存的系统，各种组织单位的内部活动对外部环境是有影响的。组织存在的价值和意义在于它能够为社会提供有价值的产品或服务。组织如果对社会负责，能够给社会带来各种福利和方便，也会得到社会的认同和支持。组织与社会息息相关，不能脱离社会环境而独立存在，它受到社会环境的制约，又必须为社会服务。组织的生存取决于组织同所有环境因素富有成效的相互影响，取决于组织效益与社会效益的相互作用。

作为一个领导者，应该立足于本组织的实际，从本组织的现实情况出发，结合组织的外部环境，来实现社会赋予组织的社会责任。个体利益服从整体利益，组织利益服从社会利益，在社会需要时，不惜牺牲本单位的利益。领导者要以社会大众的需要为宗旨，绝不能为了追求高额的利润，而不顾社会公众的需求。组织还要根据社会的需求，不断设计、生产新产品，开拓新的服务领域，引导和改善生活方式，并且保证产品和服务的质量，真诚地向社会负责，树立良好的组织形象。

组织内部领导集体成员关系的协调、领导者与被领导者关系的协调等在前边已经介绍过，在此不再赘述。

思 考

1. 什么是思想协调？
2. 思想协调的方法有哪些？
3. 结合实际，谈一谈你对"一把钥匙开一把锁"这句俗语的理解。
4. 在进行领导目标与内部关系的协调时，应注意哪些方面？
5. 领导者在运用"弹钢琴"的协调方法时要注意哪些问题？

游戏名称：猜人名游戏

形式：分5人一组，20人一个班最为适合，这样就有4个小组

时间：15—20分钟

材料：四顶写有名人名字的高帽

适用对象：最适用于训练销售人员及一线管理人员

活动目的：

训练一线管理人员，或参加培训的销售人员熟练使用封闭式问题的能力，利用所获取的信息缩小范围，从而达到最终目的。该训练让学员在寻求 YES 答案的过程，练习如何组织问题及分析所得到的信息。

操作程序：

1. 在教室前面摆四把椅子。

2. 每组选一名代表为名人坐在椅子上，面向小组的队员们。

3. 培训师给坐在椅子上的每一位名人带上写有名人名字的高帽。

4. 每组的组员除了坐在椅子上的人不知道自己是什么名人外，其他人员都知道，但谁都不能直接说出来。

5. 现在开始猜，从1号开始，他必须要问封闭式的问题，如"我是……吗？"如果小组成员回答 YES，他还可以问第二个问题。如果小组成员回答 NO，他就失去机会，轮到2号发问，如此类推。

6. 谁先猜出自己是谁者为胜。培训师应准备一些小礼物给赢队。

有关讨论：

你认为哪一位名人提问者最有逻辑性？

如果你是名人，你会怎样改进提问的方法？

掌握冲突的协调与解决方法

名言导入

不会宽容别人的人，是不配受到别人的宽容的。

——屠格涅夫

本章概述

在传统的人际关系理论及管理理论中，"冲突"一般都被人们作为矛盾、破坏、暴力或无理取闹，并极力避免发生的事情。然而，随着现代交互作用理论和管理心理学理论在现代管理中的应用，人们才陆续对"冲突"有了新的认识和正确全面的评价。研究冲突及其协调与解决，化消极因素为积极因素，调动一切积极因素，对于实现有效领导意义重大。

本章要点

- 冲突概述
- 冲突的过程及分析
- 团体关系的冲突及协调
- 人际关系的冲突及解决办法

苏主任是一家大医院病理实验室的负责人。实验室是职能式的组织，底下分成若干科，科的成员都是受过良好训练的医学技师及专家，全部是女性。其中两个最重要的科——血液科及化学科，是共用一个房间的。事实上，在实验室扩大及改造时，领导特地将这两科凑合在一起，以便互助合作，互通消息。然而，很不幸的是，这两科从来就没有合作过。相反，他们尽量避免互相帮助，两个团体的成员之间甚至怀有敌意。在休息时间，午餐时间，这两科的人也很少和对方接触。当然，偶尔的交谈间或有之。

引起事情的这两个人，一个是医学专家金小妃，一位是化学科主任英女士。金小妃在实验室工作，已经有5年的历史。在刚进实验室的两三年内，金小妃依照实验室新进技师的培养计划，一科一科地实习及工作，她在各科的工作，表现得颇为杰出；同时，她非常努力工作，愿意担负工作责任。两年前，金小妃转到化学科，在这里，她的生活方式与她的主任起了冲突。简短来说，金小妃是一位年轻、有吸引力且单身的女孩。据苏主任的猜测，依她那种美丽漂亮的外貌，以及活跃的社会行为，人家一定会说，金小妃是一位"风流"的女孩。她爽朗、活泼的个性以及很强的工作能力，使她成为一位非正式的领导者，尤其是在年轻的技师群当中。相反，英女士在实验室中已经呆了12年，且已经干了6年的化学科主任。她是一位中年妇女，虽然不是老古板，但对金小妃的生活方式始终格格不入，有时她也会和苏主任抱怨，金小妃会把其他女孩带坏的。当金小妃被分派到化学科时，金小妃曾发表意见说，英女士实在没有当主任的资格。同时她的态度亦变得相当不友善，时常嘲弄英女士。结果，英女士对她工作表现的考绩时，给了一个很差的评价，这也是经过苏主任认可的。

考核之后，金小妃的考绩在其友好的伙伴中，引起了广泛的讨论。大家都严厉地批评了英女士的做法，说她以偏见的眼光来评价小妃，同时对行政领导竟然同意这种"偏见"颇为不满。因为她们认为，很明显，小妃是一位优秀的员工。于是，金小妃请求调到血液科去，并一直呆到现在。然而，对化学科，她还是保持着讥讽的态度，她严厉地批评化学科主任，连带批评化学技师。同时，她也强调她的能力很强，足够胜任血液科的工作。

论及金小妃的科技能力，实验室领导也没有话说。金小妃在血液科工作之后，工作绩效又回复到原先的样子，和以前一样高。她继续受到别人的尊敬，在实验室里也交了不少的朋友。相反，英女士和化学科还是老样子，一点也没有改变。英女士仍然将化学科管理得很好。然而，她认为金小妃会带坏其他女孩子的想法，还是没有改变。于是，私人的冲突逐渐扩大及两个科，终于成为一个很大的问题。

此外，这种关系迫使血液科一位新上任的主任因此辞职。两年以前，当一位老资格的主任辞职后，主任位置由李女士接替。李女士是一位受过良好训练的血液专家，本是在南方一家著名的医院工作。到血液科之后，她受到5位技师及专家的批评，同时处处和她作对。虽然李女士想运用各种方法来改善这种情况，但终归于失败。最后，她觉得实在撑不住这种场面，于一年前辞职。自从那时候开始，已经8个月了，该科没有一位正式的主任。行政领导认为金小妃——一位年轻的药学专家——是当主任的合适人选，她曾非正式地领导该科。但金小妃认为，如果真的受命担任这份职务，是否能当上正式领导者颇成问题。冲突之后的第三种不良影响，是新进人员在调进血液科或化学科之后，就形成了两派，有的倾向金小妃这边，有的则倾向英女士这边。在许多状况下，行政领导都注意到了，一位被推荐人称赞不已的女孩子在进了化学科之后，不但工作绩效很低，而且态度很坏，追根究底，才发现原来是金小妃"哲学"在作怪的缘故。

苏主任很感伤地承认，她没有料到会弄到这种局面。她认为只要把金小妃调离化学科到血液科，即一切的冲突就迎刃而解了，然而，不但事与愿违，而且变本加厉。她已经失掉李女士，再不能失掉其他聪明干练的人了，因此，她必须尽快采取措施改变目前的困境。

案例提示：这是一篇关于群体及群体成员冲突的案例。冲突是任何组织都不可避免的。可运用学过的有关冲突的理论分析形成冲突的原因，寻找解决冲突的方案。

第 一 节　冲突概述

在社会各种生存环境及人际工作关系中，竞争与合作、需求与动机、生存与效率、奉献与索取等都是在各种不可避免的冲突中，相互作用、相互影响，人们也是在对各种各样的"冲突"的协调和处理中，求得对环境的适应，并保证个体和团体更好地生存和发展。

在工作中常见的冲突有哪些？

一、冲突的概念

所谓冲突是一种过程，是指对立双方在目标、观念及行为期望上，知觉不一致时所产生的一种分歧或矛盾。其表现常常为双方的观点、需要、欲望、态度、利益、要求等不相容而引起一种激烈的争斗或对立。如，企业员工在关系到企业的生存与发展问题上目标一致，双方都为实现这一目标而合作，但是在特定的工酬问题上双方的目标可能会产生一定的竞争性，由此可导致某种冲突。因此，冲突的过程和结果在很大程度上取决于参与者是否确信与目标相联系的合作或竞争占有支配地位，以及合作范围内的冲突是否具有积极的意义。

二、冲突的类型及产生原因

冲突是一种十分复杂的现象，它几乎很少由单一因素造成。依据不同的分类标准，可以将冲突分成以下四类。

（一）人际冲突

人际冲突一般是指个人与个人之间的冲突。个人与个人之间冲突的内容和形式是多种多样的，造成冲突的原因也各不相同。主要是由于生活背景、教育、年龄和文化等的差异，导致人对问题的认识、理解上的差异，同时也影响到人们的个性、价值观、知识等方面的不一致性，致使人际间难以进行有效的沟通，因而增加了彼此相互合作的难度。如果一方在职位与报酬上明显超过对方，则人际冲突的可能性会增加，并可能导致个体利益关系的冲突，这类冲突所带来的结果，往往都是消极性的，并具有破坏性作用。

卢善思认为修正过的约哈瑞窗口是分析人际冲突来源的有效理论框架（表7-1）。

表7-1说明在公众的我的情况下，个人与他人彼此开放，因此最容易产生人际冲突。在隐藏的我的情况下，个人了解自己而不了解他人的动向，所作所为较少考虑他人的处境，这是导致冲突的潜在区域。在盲目的我的情况下，个人不了解自己，有时会无意之间给别人带来麻烦或困扰，这也是容易引起冲突的潜在区域。在未发现的我的情况下，对自己和他人都不了解，容易产生误会而导致突发的冲突。

表7-1　约哈瑞窗口

项目	了解他人	不了解他人	了解自己
公众的我Ⅰ	隐藏的我Ⅱ	不了解自己盲目的我Ⅲ	未发现的我Ⅳ

（二）个体内心冲突

个体内心冲突是指个体内心同时存在对立的想法和感情，如，升学与就业、表达意见与情感压抑、想搞好人际关系又怕失败等都属于这类冲突；个体生理的、心理的、安全的、归属的、尊重的等各种需要都可能在需要与满足之间产生冲突。一般个体内心冲突包括以下几点。

1. 趋向—趋向型冲突

又称双趋向型冲突，这是指个体对具有两个同时存在并为之吸引又相互排斥的目标，限于环境或事实的条件而无法兼得的情况下必须选择其中之一而放弃另一对象（目标）时所产生的双趋向冲突。

2. 回避—回避型冲突

又称双回避型冲突，这是指个体对具有同时并存而令人感到威胁或压力的两个目标时，虽然两者都想避免，但是迫于情势而只能选择其中之一进行回避所产生的冲突，即属于双回避型冲突。

3. 趋向—趋避型冲突

又称趋避型冲突。这是指个体对单一目标具有爱恨交杂或好恶相间的矛盾心理而进退两难所产生的趋避型冲突。如想对他人倾诉心中的苦闷但又怕他人笑话等。趋避型冲突，在日常生活中大量存在，有时逃避也难以解决问题，因此当人们处在这种冲突情境时，个体便会在矛盾的交织中处于高度不安的状态。

（三）角色冲突

角色冲突，是指一个人所执行的一组相关活动，由角色产生的在组织内（如上下级、同事）和组织外（夫妻、子女、朋友等）的一种人际冲突。角色冲突是由个体承担的角色及特定的任务、职责不同而产生不同的需求和利益，因此引发冲突。

为此，部门经理不仅要向角色群中的每一个人提供信息和各种帮助，同时也要施加一定的压力，促使其完成工作目标。而且上级可能对部门经理提出更高的要求，这就又形成了一种角色压力。当两个以上不相容的压力同时作用于某个人之上，则角色冲突产生，若这个人对某一压力予以反应，将导致其不易处理其他压力；若冲突双方都可以以某种方式给对方利益，则冲突双方很可能以寻求互利的方式来解决彼此的冲突。研究表明，角色冲突的强度决定于角色期望发出者的权力大小与角色期望对象本身想符合这些期望的意愿程度。

角色冲突的形态一般有四种，分别介绍如下。

1. 角色期望发出者内在的冲突

即角色期望发出者提出矛盾性的要求所导致的冲突。例如，一名管理者同时要求某一下级完成两件互不相关的工作，如果做这两件工作是顾此失彼的话，就属于角色期望的内在冲突。另外，要求员工既要有创新的头脑，又在政治上无知一些；既要对高层管理中的错误无动于衷，又要有很高的劳动热情等都属于这一类冲突的例子。

2. 角色期望发出者之间的冲突

当不同角色期望发出者之间的期望和压力不相容时所引起的冲突。例如，不同的利益群体对公司有不同的期望，如期望维持良好的同事关系，又要符合上级的期望、追求良好的绩效，这时管理者面临的就是这类冲突。

3. 角色之间的冲突

当来自某一群体或组织的压力与来自另一群体或组织的压力彼此不相容时，即产生角色之间的冲突。例如，将未完成的工作带回家中是来自工作的压力，而这可能与来自家务劳动的压力相冲突。若冲突相当严重，个人就可能从某一角色中退缩，而去设法满足另一角色的要求。

4. 个人和角色之间的冲突

当各种角色期望的压力和角色期望对象的需求、态度、价值观以及能力等有所差异时，个人和角色之间的冲突就会发生。例如，一位管理者的管理角色和他个人特质之间的冲突。管理角色要求他必须控制、评估、培训、解雇下级，而他个人的某些人格特质又表现为仁厚、乐于助人，不愿意使人为难，这就产生个人和角色之间的冲突。

处理有关角色冲突的问题并无一定的模式可循，角色期望对象的人格特质及他和各种角色期望的发出者之间的人际关系都会影响到如何处理冲突的方法。

（四）组织冲突

组织冲突通常指组织内群体与群体之间的冲突。在现代企业组织中，专业技术人员与直接管理人员（部门经理或车间主任）之间的冲突是最常见的冲突之一。

现代企业组织的特征之一就是专业技术人员的作用不断的强化，他们也越来越直接拥有部分权力，并且他们所拥有的这种权力在不断地扩大和成为决策的依据，因此，直接威胁主管人员的某种特定的权力，不管他们用怎样的心态对待这一新的管理现象，但是他们总会在不同程度上、在理智或情绪上担心来自专业技术人员对其权力和地位的影响。在现代企业组织中，由于专业化和复杂化程度越来越高，年龄、经验在飞速发展的市场经济条件下，逐渐退出了主要地位，而让位于科技，人们更加强调教育和个人认知上的优势，传统管理原则的局限性越来越明显。

此外，在组织内的工作群体之间常常因任务不清、职责不明而引起互相牵制、扯皮等造成的冲突，这种冲突可能造成群体间的不团结和工作中的不协调。当然如果引导得法，可能成为团体间的正常竞争，化消极为积极。

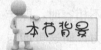

第 二 节　冲突的过程及分析

冲突的过程可分为五个阶段：潜在的对立阶段、认知和个性化阶段、行为意向阶段、行为阶段、结果阶段。

问题驱动

冲突往往在什么情况下发生？

一、潜在的对立阶段

冲突的第一阶段存在可能产生冲突的条件。但这条件和出现的情形并不一定都导致冲突的发生，但却是冲突发生的必要条件。美国管理学家罗宾斯称其为"冲突源"。

（一）沟通

由沟通造成的冲突主要来自语言表达困难、误解、沟通渠道中的干扰等。罗宾斯认为，语义理解的困难、信息交流不够充分以及沟通通道中的"噪音"，这些因素都构成了沟通阻碍，并成为冲突的潜在条件。

研究表明，沟通中缺乏有关他人必要的信息，会产生语义理解方面的困难，沟通过少或过多都会增加冲突的潜在可能性，导致冲突。按一般的原理来思考，人们自然会产生一种习惯性的认识：认为沟通不良是导致冲突的原因，如果我们好好地沟通，就可以彼此消除误解。然而大量的研究结果又表明，因沟通过程的时间因素，有时沟通会因为耗费时间延误合作而产生误解。如果沟通中言语使用不当、方式选择不好，结果可能会适得其反，导致沟通失败，并成为冲突的潜在条件。此外，当人际沟通达到一定程度时，效果最佳，若继续增加沟通则会过度，其结果也是增加冲突的潜在条件。沟通时人的感觉通道对信息的过滤出现偏差时，也可能成为冲突的潜在条件。这些潜在的条件在一定环境的作用下会产生冲突。

(二) 结构

结构指团体的组织关系和团体间相互依赖的关系，如团体规模、分配给团体成员工作任务的专门化程度、权限范围的清晰度、成员目标的一致性、领导风格、奖酬系统等。研究表明，团体规模越大，成员的工作越是专门化，引起冲突的可能性就越大；团体成员年纪越轻，并且人员流动率越高的团体，冲突的潜在性越大；组织中的各团体的目标越多，分歧的可能性越大，出现冲突的可能性就越大；分工的模糊性程度越高，冲突出现的潜在可能性就越大，因为管理分工上的模糊，必须增加团体及团体成员之间为争夺控制权力或领域产生冲突。还有研究显示：领导风格越是独裁、苛刻，对员工的行为进行监督、控制，冲突的潜在可能性就越大。

当然，如果过分追求参与化，也会引发较多的冲突，因为鼓励参与的同时也就鼓励了个性化、多样化；如果奖励方法不公平，必然引起冲突。最为明显的是如果团体之间的依赖关系表现为一个团体的利益，是以牺牲另一个团体的利益为代价，那么必然会激发起团体间的冲突。

(三) 个人因素

个人因素是指包括个体价值系统的个性特征及个体差异，其中也包括个体对他人接纳与否的态度。如你与不喜欢或非常讨厌的人共事，就难免不发生冲突。研究表明，某些性格类型，如，十分教条的人、过于独断专横的人、缺乏自尊的人、过分自傲的人等都是潜在的冲突因素。值得注意的是，在社会冲突研究中，最重要也最容易被忽视的因素，就是个人价值体系的差异。

事实上，偏见的产生、团体中的意见分歧、个人的不公平感等导致的冲突，若用个体价值观的差异来解释是最适当不过的了。

二、认知和个性化阶段

在潜在对立的阶段中，如果各种潜在的条件不断恶化、引起挫折并对客观的情境产生一定程度的影响，则潜在冲突因素在这一阶段会显现出来，被人知觉，于是冲突便产生出来。

这里强调认知的特点，是因为冲突必须要有知觉的存在，也就是说，只有当一方或多方知觉到或意识到冲突条件的存在，冲突才有可能产生，这在冲突的定义中有明确表述。当然只是知觉到冲突也还不能表示个人已介入其中，还需有情绪的卷入，人们确实体验到焦虑、紧张甚至挫折感和敌对时，才能达到个性化（个体卷入）。

在这阶段里，冲突问题将变得明朗化，双方都能认识到冲突的性质，并能拿出解决冲突的各种可能的办法。由于情绪对知觉有重要的影响，在形成和处理冲突时，消极的情绪会导致破坏性冲突，并且在处理冲突时也容易简单化；相反，积极的情绪又会导致建设性的冲突，在冲突中发现问题，开阔视野，并且在采取解决问题的办法时也具有创新性。

三、行为意向阶段

行为意向是介于一个人的认知、情感和外显行为之间，指从事某种特定行为的决策。当一个人采取行动以阻挠他人实现目标、获取利益时，便进入了冲突的行为意向阶段——冲突采取了外显的对抗形式。外在冲突可以有各种形式，从最温和的、间接的言语对抗，到直接的攻击甚至失去控制的抗争或暴力。诸如学生对老师的质询、工人的罢工、种族之间的战争等，都是冲突的外显形式。一旦冲突表面化，双方都会寻找各种处理冲突的方法。

处理冲突的主要行为意向，主要从两个维度考虑选择处理的方法：一个是合作程度；一个是肯定程度。前者指一方愿意满足对方需要的程度；后者指一方坚持满足自己需要的程度。冲突在两个维度上的不同程度的表现可以产生五种处理冲突的模式。

（一）协作

协作也称统合，指冲突双方均希望满足双方共同利益，并合作寻求相互受益的结果。在协作中，双方都着眼于问题，坦率澄清彼此的差异，求同存异，找出解决问题的办法，而不是简单地顺应对方的观点。

（二）竞争

竞争指一个人在冲突中寻求自我利益的满足而不顾对方的影响时的行为。非赢即输的生存竞争常常导致追求满足自己利益而牺牲他人利益的冲突。

（三）回避

回避是指一个人可能意识到冲突的存在，而采取逃避或压抑的方式回避冲突的行为。如与他人保持距离、划清界限、固守领域，也是一种回避的行为；如果无法采取回避的行为，还可以压抑、掩饰存在的差异。有时，压抑可能比回避要好一些，尤其当团体成员之间存在的相互依赖、交互作用的关系时，压抑可以求得合作的稳定。

（四）折中

折中也叫妥协，是指冲突双方都必须放弃某些利益才能够共同分享利益时，便能达成折中的结果。折中时没有明显的赢者和输者，双方都要共同承担冲突所带来的问题，也要放弃一些东西，折中的结果是双方都达不到彻底满足的解决办法。

（五）迁就

迁就又称顺应，是指一方将对方利益放在自己利益之上以牺牲自己利益的方式来满足对方需要时的行为。显然，迁就是为了维持彼此的相互关系，一方作出了自我牺牲。如为了对方的需要，尽管有不同意见，但还是放弃自己的意见而支持对方的意见。

行为意向为冲突情境中的各方面问题的解决提供了总体的方案，但是人们的行为意向并不是固定不变的，在冲突过程中，由于人们产生了新的认识或对对方的行为产生情绪性反应，它可能发生改变。不过，研究表明，每个人都有自己独特的处理冲突的方式或潜在倾向，而且这种方式是相对固定的。

四、行为阶段

行为阶段是公开的冲突阶段，这一阶段包括冲突双方的行为与反应。冲突行为是公开地试图实现冲突双方各自的愿望，并常带有刺激的性质，但这种刺激与愿望无关。由于判断错误或缺乏经验，有时冲突行为会偏离原来的意图。有学者将这一阶段看作是一个动态的相互作用过程，这对于理解冲突行为很有帮助。

从冲突行为形成的过程看，几乎所有的冲突都是从轻度的意见分歧或误解到彻底的冲突，形成一个梯度。如果不能解决轻度的分歧和误解，则冲突可上升到具有极大的破坏性的彻底冲突，常常导致功能失调。合理使用冲突管理技术及激发冲突技术，方能控制并降低冲突水平。

五、结果阶段

冲突双方之间的行为与反应的相互作用导致了冲突的最后结果。这些结果可以是良性的，即冲突提高了团体的工作绩效；但也可以是恶性的，即降低了团体的工作绩效。

（一）不良结果

冲突对组织及团体绩效的破坏性结果人们很容易理解，正是因为冲突的不良结果，早期的冲突理论将它与暴力、破坏等同起来。因为不加控制或无限期的对立冲突，必然会导致团体关系的解除、破裂，并最终使团体灭亡。

（二）良性结果

冲突的良性结果也许不容易被人们理解，人们很难想象一种公开的、激烈的敌对情境会产生良性的建设性的结果。冲突作为一种矛盾的活动，它如何能促进团体的工作绩效呢？然而，确有研究表明：较低或中等水平上的冲突是可以增进决策质量，激发创造力，鼓励成员的兴趣和好奇心，这一水平的冲突也是挖掘问题和情绪宣泄的良好媒介。同时，冲突也给人们提供了一个自我评价与改善的机会。

还有研究发现：当决策时，一定的分歧、冲突，有利于发掘各种不同的方案，使一些不同寻常的或由少数人提出的建议会在重要决策中增加权重，从而提高决策质量。此外，中低水平的冲突可以打破团体的沉闷和僵化，防止不周全的决策出台，并对现状提出挑战，增加创新的可能性，促使人们对群体目标和活动进行重新评估，提高群体对变革的迅速反应力，甚至直接提高生产力。

在现代经营管理中，因缺乏良性功能的冲突，使团体（企业）蒙受损失的例子更是比比皆是。

因此，激发良性冲突功能是提高团队绩效的根本保证之一。

第 三 节　团体关系的冲突及协调

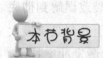

团体关系冲突的根本原因主要是由于冲突双方因认识和利益上的差异而引起的。团体冲突是团体间矛盾激化的结果。在市场经济的社会环境中，由于经济利益上的竞争与挑战，团体间的冲突是不可避免的，管理心理学家为了有效地解决团体冲突问题，并尽可能地利用各种管理策略及技术，将冲突导向建设性方式。

团体关系冲突产生的原因是什么？

一、传统冲突的处理方法

传统的冲突处理方法，旨在消除冲突所带来的破坏性影响，因而对于解决消极的恶性冲突仍有积极的意义，国际上较常见的方法有如下几种。

（一）仲裁调解法

这是由上级或权威人士出面仲裁调停的办法。当两个团体发生冲突而出现僵局时，就请上级或其他第三者来调解裁定。仲裁调解如不以法规为依据，常常会导致偏差，激化矛盾，留下恶性冲突的隐患。

（二）协商谈判法

协商谈判又称妥协，这是解决冲突常用的方法。当两个团体为了利益而发生冲突又僵持不下时，通过协商的方式来解决冲突，缓解矛盾。在相互商谈的过程中，需要双方各自做些妥协以求得意见一致。这是解决大团体冲突的常用方法，如地区性、民族性冲突等。但在企业内部的小团体冲突中，妥协虽能满足部分条件，但也可能导致分配的平均，不利于发挥个别团体的优势。

（三）权威解决法

这是一种诉诸权力或武力，强制性解决冲突的方法。当冲突双方通过协商、仲裁均无效时，由有关部门命令限制冲突。权威解决通常只能在表面上解决冲突，并不能从根本上消除冲突的根源，只是把问题压制或掩盖起来。不是特殊情况，不到万不得已需要当机立断解决冲突的时候，不要轻易使用这种方式。

（四）回避解决法

这其实也是一种暂缓解决冲突的方法，冲突一方或双方回避矛盾可以消除冲突，但事实上不解决问题，可能隐伏着更大的冲突。

（五）拖延解决法

这是一种暂缓解决冲突的方法，对某些一时难以判断对错、是非的冲突，先放一放，以期环境或条件变化时再来解决。

（六）解体重组法

这是对破坏性冲突在采用所有解决方法都不奏效的情况下，所采用的方法。有时如团体间的冲突激烈又长期得不到合理解决，严重干扰团体目标的实现，也影响工作任务的完成，为彻底解决冲突，只有果断地将冲突团体解散，重新组织。

（七）转移目标法

有时为了解决矛盾冲突，到外部寻找一个共同的目标或竞争者，把冲突双方的注意力转向新的目标。

(八) 教育解决法

教育解决法是为了教育双方了解冲突所带来的结果，分清得失，改变思想行为。如教育双方识大局、顾大体，用宽广的心胸接纳对方，理解、原谅对方，取得冲突解决。这一解决冲突的方法在所有类型的冲突解决中都适用。

二、处理冲突的一般方案

处理冲突的一般方案包括解决团体冲突的观念、解决冲突方案的修正和不正确冲突的处理倾向。

(一) 解决团体冲突的观念

在任何团体冲突中，冲突双方都可能存在某些原则分歧，这是由双方各自的利益、立场、观点、方法及个性特征差异所造成的，很难简单地论说是非曲直。然而在很多情况下，处理（领导）者往往喜欢评说正误、输赢，这就容易产生偏差而压服一方，使输者产生不公平感而失去信心，这样不利于冲突的解决。为此，在处理解决冲突时，一定要树立没有输者的正确观念，有关学者称为"两赢方案"。具体实施程序如下。

1. 承认和接受冲突

指导冲突双方认识结束冲突的必要，并使双方认识到在这次冲突中双方皆是赢者，彼此都受益。

2. 详细描述不同意见和细则

冲突双方可以用各种方式展示各自的观点，解决者不要轻易表态，因为最终解决冲突仍将由冲突双方自己解决，解决者只是起调解冲突的媒介或起"催化"的作用。

3. 提出解决冲突的方案

可提出几种可供选择的方案，由冲突双方共同决定协商选择。

4. 估价

让冲突双方对各个方案作一个全面的估价，并最后达成一致意见。

5. 抉择

在冲突双方都能接受的方案中解决冲突。

6. 行动

冲突双方执行已选定的方案，并制定解决冲突关键事件的时间表。要防止在解决一个冲突时，再造成一个新的冲突。

7．评定

对方案执行情况进行评定，并设法使冲突的参与者重新达成一致意见，共同承担责任和义务。

（二）不正确冲突的处理倾向

心理学家施米特等在《分歧处理》一文中特别指出，领导者要警惕以下几种现象。
- 周围的人都有唯唯诺诺的倾向。
- 强调忠诚与合作，把意见分歧与不忠诚和背叛等同起来。
- 一遇分歧就坚持要把它平息。
- 粉饰严重的分歧以维持表面的和谐与合作。
- 接受模棱两可的解决分歧的决定，让矛盾的双方对决议作不同的解释。
- 扩大矛盾以增强个人的影响，削弱他人的地位。

（三）解决冲突方案的修正

虽然按双赢方案解决冲突的成功概率较高，但有时冲突一方非常固执，阳奉阴违，表面上赞同方案，但执行中保留意见，从而使解决冲突的方案难以实施。因此，当冲突方案不能实施时，处理（领导）者就要召集冲突双方讨论如下几个问题。

(1) 我们是否真诚地承认了冲突的存在？
(2) 我们是否准确地描述了冲突的性质？
(3) 我们是否制定了所有可供选择的解决冲突的行动方案？
(4) 我们是否选择了最佳的解决冲突的方案，这个方案是否最佳？
(5) 在方案中我们是否漏掉一个步骤？
(6) 我们在进展评定中有错吗？我们期望得太多或太少吗？
(7) 我们是否该回到第二步，以便确定假设是准确的？

这样做的结果可以产生以下好处：一是可以增加冲突双方承担义务；二是随之会产生高质量的处理、解决冲突的行动方案；三是可以加强双方的友好关系，并使双方各有所克制；四是成功地解决、处理好双方的冲突，可以起到激励作用，会提高生产效率；五是可以证明领导者的领导是有效的。

群体之间及群体与个人之间、个人与个人之间的冲突是普遍现象，处理者只要冷静地分析产生冲突的原因、性质，并依照新观念去设想解决方案，及时对方案进行修正，就能解决好这些冲突并取得满意的效果。

三、团体关系的管理

在一个相对独立的组织系统内，为了对内部团体冲突进行有效的管理，设立必要的协调团际关系的机构和制定相关的制度，对团际关系进行科学管理，可以在一定程度上消除或控制团体冲突，提高工作效能。

（一）制定团体章程及工作制度

这是规范组织内各团体行为的准则，这样可以确保团体内的冲突不违背总的工作目标，同时这些规章制度可以明确各自的职能、责任，使部门间相互作用、互相影响所造成的冲突，控制在较低水平，便于良性冲突的产生。

（二）设立联络员制度

在庞大的组织机构内指定专门联络员进行团体沟通。通常联络人员要熟悉两个部门的工作，能预见可能存在的并有可能导致团体冲突的问题，具有协调解决冲突的丰富经验，能协调各部门的工作。

（三）设立层级机构

组织或企业内的层级机构是控制、管理团体的组织结构之一。组织内部的很多足以酿成冲突的问题，可以很快地通过层级组织反馈到高一层管理部门，以便达成全面控制、协调下层团体的冲突。虽然设立层级组织机构会增加上级管理部门的工作压力、负担，但如果下放某些权力，并形成责任与权力相统一的管理机制，各依其道而行事，很多冲突问题可自行解决处理，不必都要上交。

（四）设立新的团体

团体一旦工作复杂，意外问题不断增加，使以前团体的职能目标难以信任，就需要考虑是否分出一个专门的相对长久性的新团体开展有针对性和专门性的工作，这样可减少决策失效，减轻高层主管的负担和团体繁杂的工作压力，减少内部人员冲突。

（五）组建任务小组

任务小组是为了解决团体冲突由各部门（包括冲突双方）代表组成的临时团体，专门负责处理解决团体的冲突。一旦问题解决，小组自行解散。任务小组最适合于解决较为复杂的团体冲突，也最适合于解决多个团体关系问题，召集各路代表研究讨论冲突，容易达成共识，使各部门行动一致。

（六）设立综合性部门

在较为庞大的团体及组织中，设立综合协调部门，可以处理很多日常性工作，特别是控制处理某些棘手的特殊性冲突问题。当然设立这样一个综合性部门费用较高，因此，一般生产企业就要量力而行，可以整合某些专门性机构合署工作。

第 四 节 人际关系的冲突及解决办法

和团体关系冲突一样，人际关系冲突同样是不可避免的。解决人际关系的冲突，更要注意人与人之间的沟通技术。因此，解决团体冲突的某些相关策略同样适用于对人际冲突的处理，但又有所区别。

在正常情况下，团体或企业员工人际冲突一般不会突然发生，大都要经过一个隐蔽发展的过程，这个过程一般称为潜在冲突。潜在冲突，是处理解决冲突时容易被人忽视的环节。实际上，如果充分重视对潜在冲突的处理，很多冲突都是可以避免或消除的。

如何处理人际关系冲突？

一、潜在冲突形成的原因

潜在冲突形成的原因，除了上述的四种以外，还有以下几个方面的潜在因素。

（一）人际利益需要相争

一般表现在双方或多方都有同样的需要，而实际能够满足的机会有限，一方获得，就意味着另一方失去。如晋升职称只有一个名额，而大家都想晋升，这就潜在着一场冲突。

（二）人与人之间目标的对立

如同一宿舍内甲要完成学习目标，而乙需要休息以便精力充沛地工作，就容易为熄灯时间发生潜在冲突。

（三）分配不公

例如，在计划经济体制下，绝大部分工作团体中的成员在工资分配中常常表现多劳不多得、吃大锅饭，因而多劳者产生不公正感，并产生心理失衡，长此下去容易爆发冲突。

虽然在我国的企事业单位中，员工之间潜在冲突的因素问题不止这些，如，意见分歧、误会、日常小事引起的情感波动等都能导致冲突，实际情况远比以上描述要复杂得多，尤其在人员分流下岗、转岗，机构精简的大背景下，潜在冲突的因素更为急剧、恶化。如果我们对这些潜在的冲突不进行认真研究，采取有效的引导策略，任其发展，就可能演变成公开的，甚至是较大规模的冲突。

（四）工作岗位分工不明

虽然在同一工作团体中，人与人之间存在着相互依存、相互合作的关系，但如果分工不明（事实上有时很难分明）就容易导致工作攀比、互相推诿和过分依赖等现象，这种管理失误的现象，潜伏着种种人际冲突。

二、预防潜在性冲突的措施

潜在冲突只是为公开冲突提供了一种可能性，只要有适当的预防措施，潜在冲突完全可以控制并不再发展为公开冲突。

常用的预防措施主要有以下四种。

（一）提高团体成员的心理相容性

要提高一个人对其他人的心理现象不发生排斥，就必须学会接纳对方，并努力学会沟通，提高心理的相容性，只有心理相容性提高了，冲突即可避免。

（二）科学地进行思想政治工作

我们要用心理学的方法了解团体员工的个性特点，用社会学的知识分析冲突的起因，用教育学的原理因人而异地进行疏导，使人们在不知不觉中增加了解、消除矛盾、解决分歧。

（三）明确工作职责

做到分工明确，责、权、利分明，在团体内培养形成分工合作、互相帮助、互相促进、相互依存的人际工作关系和人际环境。

（四）满足劳动者的公平感

只要事情做得公平合理，在平等的基础上进行公开竞争，那么，胜方、负方都会心服口服，不会发生冲突。

三、解决人际冲突的一般技术

人际冲突一旦表面化、公开化、恶化，就要认真研究对策，寻找妥善解决问题的途径，通常团体员工之间冲突的解决由第三者（双方都信任的人或双方领导）介入帮助协调，常用技术有以下几方面。

（一）帮助冲突转化

如冲突涉及双方的世界观、信念、理想、价值观等时，一时很难摆到桌面上来解决，处理者不要急于表态。需要分别对冲突双方进行教育、帮助，使双方观点转变，这样做虽费时，但有效。急于求成，简单行事反而更不好处理。

（二）正视冲突，解决冲突

要将冲突摆到桌面上来，使冲突的各种因素明朗化，尽量排除误会，找出问题的实质，才能寻找到解决冲突的有效途径，是非曲直最好由冲突的双方自己来判断，切忌只听一面之词就武断仲裁。

（三）使用权威的力量

权威可以是双方领导、师傅、长者等。有时剧烈冲突的双方已失去理智，并有身体接触（打骂在一起），要当机立断，并以命令的口气责令双方脱离接触，这时先不必纠缠细节，也不必要判别谁是谁非，待双方情绪平稳后，再采用其他疏导的方法加以解决。

（四）利用团队管理的力量及团体的规章制度、奖惩条例

这样可以在很大程度上约束个体的行为，消除冲突的负面影响。动之以情必须先晓之以理。如对确实属于组织内部政策导向问题，如，分工不合理、制度不周全、分配不公道等而引起的冲突，就要进行必要的政策调整，使之趋向合理化。

（五）回避

有些冲突可以回避了事。回避一下可使冲突缓解，有时冲突双方难以马上解决，并影响到工作任务的完成时，就要设法把两个矛盾较大的人调开。研究表明冲突双方

情绪化因素过多时，难以合作共事，如不采取组织回避反而会导致不断的冲突。

（六）引导员工进行建设性冲突

人与人之间的良性冲突主要包括以下几个方法。

1. 鼓励批评和自我批评

有时批评言词可能激烈并伴有一定的情绪化色彩和互相争执，但只要不发展成人身攻击，那么这种冲突就具有积极的意义。有时，一对看似发生冲突的个体，但冲突之后，话已说在当面，误会即可消除，可能会感到相互间更加接近。

2. 分清是非，统一思想，以便更好地去实现互相之间的工作目标

很多时候是非观念的分清是在冲突中形成的。

3. 通过冲突，发现自身的不足，并进行反思，有利于自身的建设和发展

如果人与人之间总是一团和气，必然掩盖着双方的弱点，只有通过冲突方可暴露、解决。

4. 向冲突双方提供必要的信息

提供有关信息，是为了提高他们的自省能力，统一思想观念。

5. 让冲突更加明朗化

适当拖延解决冲突的时间可以使很多掩盖着的冲突暴露出来，如果解决冲突的时机还不成熟，不妨让冲突继续发展下去，等到是非曲直较为明显时再着手处理。

但领导或其他处理者要注意：一是不能采取坐山观虎斗的态度；二是绝不能对冲突的双方都表示自己的支持；三是要控制冲突对工作的危害程度；四是必要时安排好弥补工作的手段和措施。

四、团体领导者处理人际冲突的原则

团体成员人际冲突是任何一个工作及职能团体内部经常发生的现象。作为团体领导人，如何处理协调好下属的人际冲突，是领导行为构成和成功与否的一种标志，处理不当，只会弄巧成拙，激化冲突。因此，领导者在处理下属人际冲突时，应遵循以下原则。

（一）晓以大义

晓以大义就是让冲突者明白是非，以团体利益为重，让冲突者个人或局部利益服从于整体全局利益，不要总是计较个人得失，如果整体的利益受损，局部利益自然也保持不住。因此，要引导冲突双方提高思想认识，站在一个更高的角度、站在团体的生存和发展的高度去评价冲突的得失。如果冲突带有积极因素，就要平心静气地商议

解决或改正工作的方案，并互相配合，通力合作，共同把生产、工作搞上去。如果冲突带有消极因素，也要顾全大局、搁置冲突，以集体利益为重，个人恩怨自然就会消除。互相指责、抱怨，只能加深冲突和矛盾，伤害双方的利益和影响身心健康。

（二）冷静公正，不偏不倚

很多时候，领导人是下属间人际冲突的最后仲裁者，仲裁者要想保持权威，就必须成为公正的化身、正义的代表。端平一碗水，是领导人处理人际冲突的基本原则，尤其是调节利益冲突时，更需要如此。当然，端平一碗水并不是要放弃是非去和稀泥，或各打五十大板完事。因此，领导人衡量是非的标准就是团体的最高利益。如果下属是为维护集体的利益而冲突，只要说清缘由，冲突会很快平息；如果下属的冲突带有感情纠葛和个人恩怨，就要做到晓明大义，客观公正，提高认识，尤其是其中一方与自己私交甚深时，更要铁面无私绝不带感情色彩，这样处理冲突，虽然让交往深者暂时不满，但你能赢得公正、正直的良好形象和参与仲裁的权威，也让人口服心服。

（三）交换立场

交换立场，就是引导冲突双方换位思考，开阔眼界。很多冲突之所以难以平息，很重要的一点就是冲突双方是以自我为中心，不了解、体谅对方，没能站在对方立场去思考问题。观察表明，冲突双方交换立场，换位思考是解决情感冲突的灵丹妙药。有时当冲突双方相持不下时，领导者将他们互相调换一下工作，会求得一种良性解决冲突的办法。因此，只有冲突双方确实站在对方的角度去替对方打算时，冲突才可能真正解决。

（四）给冲突双方留台阶

在人际冲突中，有时经常发生冲突者已意识到自己的错误，但有时话说满了，面子拉不下来，只好顽固坚持，互不让步。因此，领导者在处理这类冲突时，就要努力给双方创设台阶，既保面子，也暗示问题，只有冲突双方下了台阶，情绪自然会平息，冲突也会自然消除。

此外，创造轻松气氛和依照规章制度办事，也是解决冲突的基本原则，只有按章办事，有法可依，领导者仲裁冲突的权威性、公正性自然会确立，有很多冲突只要按制度晓以利害，无需过多口舌即能解决问题。

（五）折中调和

折中调和也是处理人际冲突的重要原则和方法，在很多情况下，冲突双方各有道理，各执一词，很难判明是非曲直，领导人只好采用折中协调、息事宁人的办法，消除眼前的冲突。折衷调和方法的运用也要使双方都感到是赢者，同时也要适当地揭示出双方观点的偏颇之处，更要让双方都看到对方观点存在的合理性成分，这也是仲裁者对人际冲突保持的一种正确的态度。

思 考

1. 什么是冲突？冲突的类型有哪些？产生的原因是什么？

2. 冲突的过程分哪几个阶段？

3. 如何协调和处理冲突？

4. 如何解决人际关系的冲突？

5. 结合实际，谈一谈你对"较低或中等水平上的冲突是可以增进决策质量，激发创造力，鼓励成员的兴趣和好奇心"这句话的理解。

游戏名称：晋级

消除疲劳、提高积极性的游戏

在工作之余同事之间做一些小的游戏，既有助于同事之间的情感沟通，又有助于活跃办公室的气氛，增强大家的工作积极性。

游戏规则和程序：

1. 让所有人都蹲下，扮演鸡蛋。

2. 相互找同伴猜拳，或者其他一切可以决出胜负的游戏，由成员自己决定，获胜者进化为小鸡，可以站起来。

3. 然后小鸡和小鸡猜拳，获胜者进化为凤凰，输者退化为鸡蛋，鸡蛋和鸡蛋猜拳，获胜者才能再进化为小鸡。

4. 继续游戏，看看谁是最后一个变成的凤凰。

相关讨论：

本游戏的主旨是什么？

总结：

1. 这实际上是一个大游戏套小游戏的游戏，在猜拳的过程中，可以让大家玩得津津有味，所以这个游戏是一个典型的可以调节气氛的游戏，让大家在玩乐中相互熟悉起来，相互更好地沟通。

2. 游戏可以帮助主管者将办公室变成一个更为活跃、自由的地方，有助于成员的创造性和积极性的发挥，因为良好的环境才能给人以良好的情绪，而良好的情绪又是努力工作的源泉。

　　参与人数：全体参与

　　时间：15分钟

　　场地：不限

　　道具：无

　　应用：(1) 沟通刚开始时的相互熟悉；

　　　　　(2) 用于制造出快乐、轻松的办公室氛围。

第八章

专业技术人员如何掌握人际关系的协调技巧

不是真正的朋友，再重的礼品也敲不开心扉。

——培根

本章概述

随着经济社会的飞速发展，人与人的交往和联系日益频繁，多元、多变、多层的社会环境组成了无数形形色色的人际关系网络。一方面，随着人际关系交往的扩大，人们生存和发展的空间得到不断拓展；另一方面，这复杂、纵横交错的人际关系让人应接不暇、无所适从，并常常给人们带来了诸多新的困惑与不适应。因此，搞好人际交往、沟通和人际关系协调已成为现代人工作、生活中不可或缺的重要组成部分。相应的，人际交往和协调人际关系的能力，当然地成为领导者领导能力的重要组成部分。

本章要点

- 人际关系的概念及类别
- 掌握上下级关系协调的技巧
- 同事关系的协调方法与技巧
- 组织关系的协调方法与技巧

在美国一个农村，住着一个老头，他有三个儿子。大儿子、二儿子都在城里工作，小儿子和他在一起，父子相依为命。

突然有一天，一个人找到老头，对他说："尊敬的老人家，我想把你的小儿子带到城里去工作，可以吗？"

老头气愤地说："不行，绝对不行，你滚出去吧！"

这个人说："如果我在城里给你的儿子找个对象，可以吗？"

老头摇摇头："不行，你走吧！"

这个人又说："如果我给你儿子找的对象，也就是你未来的儿媳妇是洛克菲勒的女儿呢？"

这时，老头动心了。

过了几天，这个人找到了美国首富石油大王洛克菲勒，对他说："尊敬的洛克菲勒先生，我想给你的女儿找个对象，可以吗？"

洛克菲勒说："快滚出去吧！"

这个人又说："如果我给你女儿找的对象，也就是你未来的女婿是世界银行的副总裁，可以吗？"

洛克菲勒同意了。

又过了几天，这个人找到了世界银行总裁，对他说："尊敬的总裁先生，你应该马上任命一个副总裁！"

总裁先生说："不可能，这里这么多副总裁，我为什么还要任命一个副总裁呢，而且必须马上？"

这个人说："如果你任命的这个副总裁是洛克菲勒的女婿，可以吗？"

总裁先生当然同意了。

虽然这个故事不尽真实，存在许多令人疑窦之处，但它在一定程度上体现了沟通的力量。这个故事告诉我们，沟通时，信心非常重要，只有心里认定了这件对双方都有好处，才能获得对方的配合，取得沟通的成功。而且认定了这一点后，还要不屈不挠，不怕拒绝，直到取得最后的胜利。沟通是个很大的课题，非三言两语可说清楚。

第 一 节　人际关系的概念及类别

在现代社会里，人都生活在一定的经济关系、政治关系、文化和思想关系中，并且心理和行为都深受其各种关系的影响。人与周围世界的相互作用，亦是通过一系列

的人际关系实现的，每一个人都透过自我和周围世界的关系而生活。当人与人之间产生了某种关系后，他们的生活便会相互发生作用和影响，个人的情感、意识、行为必然会影响到对方及与之相关的其他人。

 **问题驱动**

人际关系有哪几种模式？

 **知识梳理**

一、人际关系的特点

所谓人际关系是指人与人交感互动时存在于人与人之间的关系。人与人之间的关系是心理性的，是对两人（或多人）都发生影响的一种心理性连接。

作为社会管理及人力资源管理开发中的人际关系，是指社会生产劳动及社会生活中人与人之间的心理关系或心理距离，如，师徒关系、同事关系、顾主关系、上下级关系、朋友关系、卖方与买方关系等。它是社会生活中人与人之间相互作用的结果，反映了个人或团体寻求满足其需要的心理状态，它的变化与发展取决于双方需要满足的程度。

如果交往双方在交往过程中都获得了各自需要的心理满足，那么相互之间就会产生并保持一种亲近的心理关系；如果交往的双方在交往过程中都感到难以满足其各自的需要，那么双方的关系就会疏远或中止；如果交往的一方在交往过程中对另一方不真诚或不友好、不尊重，那么就会使另一方产生不安或发生冲突，并产生敌对情绪。因此，在人际交往中不论是亲近的心理关系，还是疏远、敌对、冲突的心理关系，都称为人际关系。

人际关系的重要特点是情绪性，不同的人际关系会引起不同的情绪体验。如果人与人之间心理上的距离越近，则会产生结合性情感，表现为人际关系中的肯定、接纳、积极的态度。若工作团体中人与人之间心理上的距离很大，或经常发生矛盾与冲突，彼此都会产生分离性情感，表现为人际关系中的否定、排斥、消极的态度。因此，结合性情感和分离性情感就成为评价团体气氛和团体人际关系好恶的主要标志。

二、人际关系的类别

人际关系的存在形式，数不胜数，在社会这个人际关系组成的立体网络结构中，每个人都是这一关系网络中的一个"结子"，并以无数关系"线"，与其他"结子"连成复杂的人际关系网络。

按照不同的分类标准，可以将人际关系划分成许多不同的类型。

（一）常见的分类

国内常见的分类有如下几种。

1. 按人际关系表现内容分类

可分为法律性人际关系和伦理性人际关系。前者必须以法律作为人际关系存在的前提，并规定双方权利和义务，如夫妻关系。而后者又必须以社会公德作为人际交往的原则，并且人际交往要符合道德伦理规范和考虑他人幸福，如公共领域内发生的人际关系。

2. 按社会成员等级关系分类

可分为干群关系和上下级关系。前者一般指国家正式干部与群众的关系和非国家正式干部（班组长、学生干部）与群众的关系；后者一般指团体内工作职务等级与社会级别角色的关系。前者关系较泛；后者关系具体。他们的交往方式可能是直接进行，也可能是间接地进行。

3. 按血缘关系分类

可分为血缘关系和姻亲关系。前者主要指父母子女关系、兄弟姐妹关系、祖孙关系；后者主要指联姻产生的非血缘家庭成员关系。其人际关系构成带有一种必然性。

4. 按社会职业关系分类

可分为师生关系、师徒关系、同事关系、同行关系、同学关系、战友关系等。他们都是以工作和行业为纽带而结成的人际关系。

5. 按地缘关系划分

可划分为邻里关系和老乡关系。

（二）李维特的分类

美国社会心理学家李维特，根据时间的长短、权力的大小、行为规则和社会角色等标准，把人际关系分为以下几种类型。

1. 长期的人际关系

其状态稳定、持久、全面；深入，交往双方彼此都能满足情感的需要，并交互影响双方的行为。

2. 短期的人际关系

较简单；肤浅，其范围形式较为单一，带有偶尔和暂时性，双方交往很少有情感的介入。

3. 依赖的人际关系

表现为一方对另一方有较明显、强烈的情感依赖倾向。如，年幼的子女与父母关系、年迈的老人与儿女关系等。

4. 独立的人际关系

很少有情感的卷入，其情感介入理智和稳定，并保持固有的来往原则和距离。如邻居关系等。

5. 从属的人际关系

这是一种双重结构的纵向关系。表现出上下有序、角色层次分明的等级关系。在这种关系中，领导者起调整人际关系的主导作用。

6. 平行的人际关系

是一种互相帮助、平等合作的非等级的同事关系。双方交往可深可浅，不具支配与服从功能。

（三）组织群体形态的分类

我国学者还从群众组织性、群体形态和范围等角度，把人际关系划分为以下几种类型。

1. 正式人际关系和非正式人际关系

前者为单位中的工作关系，后者为朋友关系。

2. 家庭人际关系和群众性场合人际关系

前者为家庭成员之间关系，后者如雇佣关系。

3. 个体与个体的关系

4. 个体与组织关系

5. 组织与组织关系

三、人际关系的行为模式

在社会交往中，人际关系的状况是通过行为活动表现出来的，一定的人际关系表现出一定的人际行为模式。一方的行为对另一方来说，是一种外在刺激，会引起相应的行为反应。一般来说，在人际交往中，一方表示的积极行为会引起另一方相应的积极行为反应；一方表示消极的行为也会引起另一方的消极行为反应。这是常见的人际关系中的行为模式。

(一) 霍尼的团体人际关系行为模式

根据交往双方的相互关系状况，美国社会心理学家霍尼将团体人际关系行为模式分为三类。

1. 谦让型

其特征是"朝向他人"，有顺从行为，讨人满意。无论遇到何人，首先是想到"他喜欢我吗"，这类人际关系的行为模式，适合社会性工作、教学工作及医事工作。

2. 进取型

其特征是"对抗他人"，无论遇到何人，总是想知道他人力量的大小，或该人对自己有无用处。这类人际关系的行为模式适合商业、金融、法律工作。

3. 分离型

其特征是"疏离他人"，无论遇到何人，首先考虑别人是否干扰自己，并与他人保持一定距离，以避免他人对自己的干扰或影响。这类人际关系的行为模式适合艺术与科研工作。

(二) 李瑞概括的人际关系的行为模式

美国心理学家李瑞从几千份人际关系的研究报告中，概括出人际关系的八种行为模式。

1. 管理—服从

由一方发出的管理、指挥、指导、劝告、教育等行为，导致另一方的尊敬、服从等反应。

2. 帮助—接受

由一方发出的帮助、支持、同情等行为，导致另一方的信任、接受等反应。

3. 同意—温和

由一方发出的同意、合作、友好等行为，导致另一方的协助、温和等反应。

4. 求援—帮助

由一方发出的求援、尊敬、信任、赞扬等行为，导致另一方的劝导、帮助等反应。

5. 害羞—控制

由一方发出的害羞、礼貌、服从等行为，导致另一方的骄傲、控制等反应。

6. 反抗—拒绝

由一方发出的反抗、怀疑等行为，导致另一方的惩罚或拒绝等反应。

7. 攻击—敌对

由一方发出的攻击、惩罚、不友好等行为，导致另一方的敌对、反抗等反应。

8. 炫耀—自卑

由一方发出的激烈、拒绝、夸大、炫耀等行为，导致另一方不信任或自卑等反应。

(三) 修正的霍尼人际关系行为模式

我国的一些学者对霍尼的人际关系行为模式进行了修正。

1. 合作型

相互交往以宽容、忍让、帮助、给予为特征；遇事为他人着想，考虑问题全面细致；具有团结、协作、支援、友谊的关系。

2. 竞争型

相互交往中表现为敌对、封锁、相互利用等特征；遇事只为自己打算，总想胜过或压倒对方；团体人际关系较为紧张。

3. 分离型

这种人在交往时，以疏远他人、与世无争为特征；团体人际关系较冷淡、离异。

根据团体目标的一致性程度，还可将其分为：目标完全一致的志同道合型、目标基本一致的友好共事型、目标不一致的貌合神离型等行为模式。

可以认为，以上霍尼的团体人际关系行为模式研究有助于了解个体的人格特征对人际关系结构的影响，不同的人际关系的结构适用于不同的职业。一般说来，有主动与他人交往、主动表示友爱、谦让、进取等行为特征表现的人，容易与他人建立起良好的人际关系。

应该指出的是，人际关系受许多社会因素的制约，单一的人际关系类型和单纯的人际关系行为模式很少发生，它总是渗透了许多其他因素。当然，人际关系的各种分类标准和行为模式也有共同性。这种共同性只能理解为形式上的共同，透过各种行为形式上的共同性，也许可以看到无数意义及性质截然不同的人际关系内容。

第二节　掌握上下级关系协调的技巧

任何一位专业技术人员领导都具备双重身份：他既是领导者，又是被领导者，既

要对他的下属实行"领导"，又要接受他的上级的"领导"。在层层制约、环环相扣的"链条"中，他是一个承上启下的"环"。这种相互关系，既包括对上级领导部门和领导人的关系，也包括对下属部门和工作人员的关系。上下级关系协调就是指协调与上级的关系和协调与下级的关系。

上下级关系协调应注意哪些节点？

一、协调与上级关系的方法和艺术

在现实社会中，一个领导者在某种程度上可以自由"选择"自己的下属，但却几乎没有太大的权力"选择"自己的上级，协调与上级关系是一门学问和艺术。

（一）协调与上级关系的意义

无论是"令人钦佩"的上级，还是"令人讨厌"的上级，都不得不与其共事。而且在处理与上级的关系时，主动权似乎又一直掌握在上级手里。于是，在日常工作中便出现了多种与上级相处的"模式"：其一，吩咐干什么，就干什么；其二，喜欢什么，就奉献什么；其三，说得对，就办；说得不对，就顶；其四，信任我，就干得欢；冷落我，就泄气……

不管从哪个角度说，尽力获得上级的"信任"和"支持"，对于领导活动的顺利开展，都是极其重要的。美国著名管理学专家德鲁克称协调上级的关系为"管理自己的上司"。其实，这种"管理"确实相当重要。这种重要性，取决于上级所处的特殊地位，以及由这种特殊地位所拥有的统摄权和领导权。获得上级的信任和支持，可以使整个管理机器运转得更加正常；可以使领导者获得更大的工作绩效，收到"事半功倍"的效果。当然，这里说的协调与上级的关系，是有原则性的，和那种猥琐迎合、曲意奉承的政客伎俩，有着本质上的区别。在重大原则问题上，事关党和国家的根本利益问题，就不应一味地"协调"，而应该站在党性的立场上，运用适当的方式方法，坚决纠正上级的错误行为。唯有这样，领导者才能在新的基础上与上级重新建立"协调"关系，也才能确保自己的健康成长。

（二）协调与上级关系的准则

掌握与上级关系协调的方法和艺术，首先必须掌握协调与上级关系的准则。这其中包括以下几点。

1. 尊重上级

上级是代表上级领导组织来行使领导职权的，下级尊重上级，是协调好与上级关系的重要准则。

1）尊重上级领导的人格

要维护上级的威信，在任何时间与场合下都不应对领导者的失误采取幸灾乐祸的态度，更不应该抓住一点，不及其余，以致通过贬低上级来提高自己，有意伤害上级领导的人格。这种做法，不仅于人于己不利，而且会对领导工作产生不良影响。

2）尊重上级领导的作用

上级领导对一个地区、一个部门负有全面责任，这个责任是党和人民赋予的。由于上级领导相对地处于宏观和全局地位，因而考虑问题一般来说要全面周到些。下级为了本级工作利益，希望自己的决断得到上级的肯定和采纳，以争取领导的重视和支持，就应加强请示汇报，避免一意孤行，导致难以收拾的局面。

3）尊重上级领导的习惯

每个上级都有自己独特的工作方式和生活习惯，这是在长期的组织管理活动中形成的，有时是难以改变的。对这些不同的工作方式和习惯，作为下属，应该主动去适应它。因为这都不是大是大非问题，适应的目的，还在于寻求上级的支持。

2. 体谅上级

作为领导者的上级，在工作中亦有特定的难处。因此，下属在要求上级帮助解决问题时，应站到上级的角度换位思考，这样更利于双方沟通和理解。在上下级关系协调中，应经常换位思考，互相理解苦衷，有利于消除分歧，增进了解，达到和衷共济的目的。

3. 服从上级

"下级服从上级"，是通常奉行的组织原则。对上级的决议和决定，即使自己有不同意见，在上级没有改变之前，也必须贯彻执行，但在执行中可以继续向上级反映，而不能擅自改变上级决定，更不能搞"上有政策，下有对策"那一套。当然，服从不是盲从，在服从的前提下，可以尊重而不阿谀，服从而不盲从；不唯上，不唯书，要唯实。

（三）协调与上级关系的艺术

协调与上级关系的主动权似乎在上级，其实不然。在掌握了与上级协调的原则基础上，只要巧妙地运用领导协调艺术，就能游刃有余地处理好与上级的关系。

1. 展其长，避其短

下级寻求上级的支持，如同上级使用下属一样，也应该展其所长避其所短，从而使上级乐意有效地支持下级的工作。因此，在同上级打交道之前，应该先摸清其"底"，了解其长处和短处。一般来说，上级的"底"，主要包括以上级的职权范围、知识结构和常识水平、工作方式和生活习惯、个性特点、工作风格、道德品质、是否喜欢创新和开拓。在了解上级领导的基本特点之后，可以采取以下措施与上级交往。

（1）根据上级的职权范围，适时适度地寻求有效支持。因为随便请求上级管他不该管的事，有时候容易制造领导成员之间的矛盾，影响领导班子的团结。

（2）请示问题应避免步入上级的"盲区"。了解上级领导熟悉什么，不熟悉什么，目的就是避免在请示和寻求支持时，误入上级领导的"盲区"，使上级领导难堪。倘若由于工作需要，非接触上级的"盲区"不可，也应在请示时，巧妙地加以必要的解释，使上级领导能够大致了解这方面的行情，免得闹出笑话，更不能给上级留下有意为难的印象。

（3）根据上级领导的个性特点和道德水准，适当掌握相互关系的"度"，即保持正常的工作关系，避免庸俗的物质交往，做事论理、论法，严格履行手续等。

2. 大事讲原则，小事讲风格

在和上级交往中，作为有责任感、事业心的下级要敢于反映群众对上级领导的意见、要求和呼声，有时甚至要仗义执言。切忌投上级所好，歪曲事实，一味讨好。在下级和上级发生一般意见分歧时，下级要做到既坚持原则，敢于提意见，又要善于避开感情冲突，做到能让步的一定让步。对上级的某些不当的处事方式，下级风格要高些，气量要大些，甚至甘愿吃点亏，受点委屈。总之，下级应从不同方面修正与上级的关系，使其保持在一个符合原则，大体合理，上下级都基本上能接受的范围之内，力争与上级有一个良好的、和谐的关系。一个对上、对外的协调能力都很强的下级，能够得到上下级关系的全力支持，更有条件去开创工作的新局面。

3. 及时汇报，反复疏通

这是使上级"愿意"帮助下级的重要心理基础。这样做的目的是要让上级了解下级工作的重要性和可行性。可采用以下方法。

（1）反复提出法

寻找适当场合，包括正式的场合、非正式的场合，如，会议上、办公室里、家中等，说明情况，提出要求，寻求支持。

（2）借用外力法

当下级的身份与影响力还不足以改变上级态度时，可巧妙地选择与上级情投意合的同级或深得上级器重的其他下级以及上级的老朋友等，来疏通解释，传递信息，寻求支持。但使用这种方法一般不宜太急太多。

（3）列举利害法

此法主要是向上级施加一定的精神压力，使其引起重视，在行动上给以真正的支持。可以说明，上级如不支持下级的工作，将会影响全局的利害关系。说明时，一定要借助数字、事实以及周边形势。

（4）实绩启迪法

这种方法一般是在上级对下级的工作还不太了解，支持不够的情况下使用。其特点是通过埋头苦干，用实际政绩来加深上级对下级工作的重要性的理解和认识，以取得其支持。采用实绩启迪法可以先搞试验，待取得预期的成绩以后，再请上级来现场亲眼看看，亲耳听听。也可以在邻近地区，选择一个在这方面搞得不错的先进单位，请上级到那里去参观指导，从实绩中受到启迪，从而得到支持。

二、协调与下级关系的方法和艺术

有的领导者认为，上下级关系是领导与服从的关系，自己作为上级领导，在处理与下级关系时，只要发号施令就能达到有效领导，无须讲究协调艺术。其实这是非常错误的，专业技术人员是受过专业训练及接受过高等教育的专门人才，处理与他们的关系，必须认真贯穿党的"尊重知识、尊重人才"的政策。因此，处理与下级关系更需要注意方法和艺术。

（一）处理下级关系的原则

1. 平等原则

社会主义条件下的上下级关系，首先是一种同志式的平等关系。它既包括上级与下级在真理面前的平等，也包括上级与下级在人格上的平等。因此，坚持平等原则处理下级关系，首先要求领导者在真理面前把自己摆在与下级同等的位置上，相互之间可以平等地商讨、争论和批评。在这里特别要警惕权力效应，即认为真理须以权力做后盾，没有权力就没有真理。按照这种逻辑，各级领导既然都是一定权力的拥有者和行使者，那么真理一定在领导那里了，而下级只能唯上是遵、唯命是从了。

其次，平等原则还要求领导者坚持上下级之间在人格上的平等。社会主义条件下的上下级之间，只有分工的不同，而没有人格上的高低贵贱之分。这是社会主义上下级关系区别于剥削阶级上下级关系的本质特征之一。然而在有些人那里，"地位效应"还在起作用。即在这些人眼中，地位越高人格越高贵；地位越低人格越低贱。也就是说地位在人格评价上和人格认同上具有决定意义。这样，上级领导较其下属就具有更尊贵的人格。存有这种观念，将不利于处理与下级的关系。

2. 公正原则

公正是领导者处理下级关系的基本原则之一，是领导者职业道德的核心。这条原则要求领导者待人处事公平合理，不偏不倚，即通常所说的"一碗水端平"。

在现实生活中，坚持公正原则主要表现在公平合理地处理上下级之间以及下级之间的利益冲突和机会冲突上，对于升迁、调资、晋级、调动、批评、表扬以及分配住房等问题，坚持"一碗水端平"。然而做到这一点并非易事。由于下级成员具有不同的出身、背景、资历、特长、性格等等，使下级之间以及下级与上级之间存在着复杂的互动关系。这种关系常常使领导者在处理上下级之间以及下级之间的利益冲突和机会冲突时自觉不自觉地受"自然偏正效应"的影响，从而脱离公正原则的轨道。这种自然偏正效应主要包括感情效应、资历效应、舆论效应和背景效应。

（1）感情效应

感情效应的作用是，当下级之间出现利益冲突或机会冲突时，领导者的"砝码"就会自觉不自觉地偏向与自己感情较为密切的一方。一般说来，越是与领导者感情好的下级，在利益冲突和机会冲突中越是占上风；而越是与领导感情"一般化"的下级，在利益冲突和机会冲突中越是占下风。现实生活中，如果其他条件大体相当，提职、晋升等机会常常首先属于那些与上级领导关系最密切的人。这就是感情效应的表现。

（2）资历效应

资历效应是指当下级之间发生利益冲突或机会冲突时，资历因素常常使领导者自觉不自觉地偏离公正原则。在领导者的"天秤"上，越有资历，往往"称"得越重。一般说来，当不同资历的下级之间出现利益冲突或机会冲突时，领导者首先考虑的常常是资历深的一方，当然，如果有了谁也不愿干的"差事"，首先想到的常常是资历浅的人。不同资历的人，其工作能力和工作效果即使相同，但反映在领导者头脑里，所产生的印象和结论常常不大相同，对资历浅的下级的肯定和尊重常常低于他所应该得到的肯定和尊重，而对资历深的下级的肯定和尊重常常高于他所应该得到的肯定和尊重。这也是资历效应的体现。一般说来，越文明、越发达的国家，资历效应的作用越弱，领导者越容易摆脱其影响，反之越强。

（3）舆论效应

舆论效应是指当下级之间出现利益冲突或机会冲突时，公众舆论往往使领导者偏离公正原则。如果是肯定性舆论，领导者会自觉不自觉地过分赞扬舆论对象，如果是否定性舆论，领导者则会自觉不自觉地批评舆论对象。现实生活中，舆论本身也存在正向反馈效应，即舆论越强烈，影响面越大，附和的人越多；而附和的人越多，舆论越强烈。并且，任何公众舆论不管是正面的，还是反面的，总是存在不同程度的虚假成分。现实生活中的大多数领导者都难免受这种舆论的左右，因而在处理下级冲突或矛盾时，也难免背离公正原则。

（4）背景效应

"背景"并不是一个严谨的概念，主要是指人的某种独特的社会关系。"背景效应"

是指下级的不同背景，对领导者处理下级之间的利益冲突或机会冲突时所产生的影响。这种影响常常使领导者偏离公正原则。

在社会中，上述四种"偏正效应"都不同程度地存在。因此，要真正坚持公正原则处理好下级关系，就需要各级领导者自觉抵制和克服上述四种效应，否则，公正原则在很大程度上就会流于形式。

3. 信任与授权原则

领导者处理下级关系需要坚持的另一重要原则，就是信任与授权。对领导者来说，信任与授权是连在一起的，只有充分信任下属，才能充分授权于下属。尽管在上级与下级之间存在一定程度的行政距离和心理距离，但通过对下属的充分信任和授权，就可以大大缩小这种距离。一般说来，领导者对下属越信任，就越愿意授权于下属，而下属就越尊重和感激领导者，上下级关系就越融洽。相反，如果不信任下属，抱着"如果你想把事情办好，最好自己动手"的信条不放，则必然"事必躬亲"，不肯授权。而一旦下属受到过度的控制和指挥而使工作受阻时，就会出现上下埋怨的现象，甚至把关系搞得很僵。但是，授权也一定要讲究原则和艺术。

一是授权要体现单一隶属关系原则。即每一下级只对一个上级报告，如果有两个上级对下属发出指示，下属常常难以适从。因此，一个下属只能接受一个上级的指示和授权。

二是应遵循责权统一原则。即上级不但要把权力授予下级，还要把相应的责任交代清楚。

三是坚持适当控制原则。即领导者授权之前要设置健全的控制制度，制定可行的工作标准、适当的报告制度，以及适合不同情况能及时采取补救行动的评价方法。

四是量力授权原则。这就是说，上级授权于下级，一定要与其能力相适应，不可机械地硬性授权，能力强者可多授予一些权力，能力弱者或少授或不授。为此，领导者在授权之前，应认真研究每个下属的能力及整个工作情况，以便把权力与责任托付给最合适的人。

五是相互信任原则。如前所述，授权本身就是以上下级之间的相互信任为基础。权力一旦授予下级，就不应动摇，仍然保持对下级的信任，不能过多干涉下级责权范围内的工作。同时，上级要尽力支持和帮助被授权者解决难题，并经常给予善意的点拨，千万不能施以难堪或恶意苛责。要充分信任、放手使用专业技术人员，现代化建设需要有真才实用的科学家、工程师、教师、医生和各种专家。要努力创造条件使专业技术人员人才辈出，绝不允许浪费人才、压制人才、埋没人才。

4. 民主原则

处理下级关系除了必须坚持公正、平等原则，还需要坚持民主原则。坚持这一原则，首先要克服以下旧思想、旧意识。

一是"尊严"意识。作为领导者应该有一定的尊严，在一定范围内，领导者的尊严与权威成正比。但有些领导者为了树立和保持权威，过分注重尊严，表现出强烈的尊严意识，所到之处，紧张气氛剧增。这无形中加大了上级与下级之间的心理距离。表面看起来，这种领导很有威慑力，下级乖乖听命，但实际上并没有收服人心。在此种领导带领下的部属常常形成某种病态适应心理。在上级面前总有某种失去"自我"的压抑感，而一旦脱离了上级，"自我"才得以复归。不难想象，下级对付上级的"武器"常常是假话和沉默。领导如果民主作风好，所到之处，下属纷纷围拢来，关系非常融洽。因此，尊严意识越强，越得不到真正的尊严，相反越没有尊严意识，反而越能获得真正的尊严。因为领导者的真正尊严是下属给予的，而不是领导者强作的。

二是权威意识。一般说来，上级总比下级更有权威。在正常情况下，权威是同地位成正比的。现实生活中，权威意识强的人，总是好摆官架子，动不动就训人，殊不知，架子摆得越大，权威就损失得越厉害，自己就越失去真正的权威，下属离自己越远，甚至不听调动，或者消极抵抗。因为真正的权威不仅仅来自于上级对下级的强制力，更重要的是来自于上级对下级的"德力"。

三是等级意识。实事求是地说，上下级关系也是一种等级关系，但这绝不是那种封建主义的等级关系。但社会主义的等级关系与封建主义的等级关系并没有不可逾越的鸿沟。如果不坚持民主原则，无条件地强调下级服从上级，建立在民主基础上的社会主义上下级关系就可能蜕变为以人身依附为特征的封建主义等级关系。实践证明，领导者的等级意识越强，与下级的行政距离和心理距离越大，越影响建立民主和谐的上下级关系，越容易形成下级的压抑心理。而这种压抑心理发展到一定程度，就会导致冲突和对抗，以夺回失去的民主权利。这是上下级关系互动的必然逻辑。

四是家长意识。家长意识与民主原则是不相容的。现实生活中，凡是家长意识浓厚的领导者，其民主意识则差。有些领导者常以"父母官"自誉，把自己与下属的关系当作父母与孩子的关系。这说明，家长意识在某些领导者头脑里根深蒂固，习以为常。殊不知，如果领导者家长意识严重，必然喜欢"一言堂"，个人说了算，听不得不同意见。久而久之，必然使忠直者敬而远之，"马屁精"应运而生，使上下级关系庸俗化。因此，明智的领导者应该自觉清除家长意识，增强民主作风，善于听取下级的批评意见，深明"千人之诺诺，不如一士之谔谔"。

（二）处理下级关系的艺术

处理下级关系不仅需要坚持公正、平等、民主等基本原则，而且需要创造和运用相应的艺术。

1. 引力艺术

引力是存在于领导关系中的无形力量。它的大小既决定所吸引人数的多少，也决定人们关系的远近。对于上级领导来说，其自身的引力越大，所吸引的下属就越多，与下属之间的关系越密切。这是存在于领导关系中的普遍规律。根据这个规律，领导者要缩小自己与下属间的距离，使之紧紧围绕在自己周围共同努力工作，必须首先提高自己对下属的吸引力。

决定领导者对下属引力大小的因素，除了自己所应有的权力、地位外，主要与下列因素有关。

（1）作风的吸引性

拥有同等地位和权力的领导者，单是领导作风不同，就会造成不同的吸引力。一般说来，作风越端正越民主，对下属产生的吸引力就越大。

（2）目标的一致性

领导者与下属之间是否存在一致的奋斗目标，也直接影响前者对后者的吸引力。一般说来，领导者所确定和坚持的目标越是与下属的奋斗目标一致，领导者对下属的吸引力就越大。

（3）利益的共同性

领导者与被领导者之间既存在利益的共同性，又存在利益的差异性，或矛盾性。显然，领导者越是能够最大限度地代表和满足被领导者的利益，就越能对被领导者产生较大的吸引力。在若干个同等地位的领导者并存的条件下，谁能最大限度地代表和满足被领导者的利益，谁就能把被领导者吸引到自己的周围。

（4）态度的相近性

态度是影响人们行为及相互关系的心理状态，也是影响人们之间引力大小的重要因素。在领导关系中，上级与下级的态度越相近，上级对下级的吸引力就越大，反之则小。

（5）需求的互补性

需求的互补性是上下级在交往过程中获得互相满足的心理状态。心理学家研究表明，人们相处，都有从对方那里获得某种满足或补偿的意愿，如果这种意愿越是能够得以实现，相互之间就越能产生较大的吸引力。

（6）感情的相通性

人不仅有理智，而且还有感情。人的行为既受理智的控制，又受感情的支配。对于大多数人来说，当理智与感情发生冲突的时候，常常服从于感情而不是理智。因而越是感情相通的人越会产生一致的行为，他们之间的凝聚力和吸引力就越大。

（7）威望的征服性

在领导关系中，领导者的威望越高，征服性越强，对下级的吸引力就越大。如果领导者以威望征服了人心，那么这种威望常常使下属敬仰或崇拜，这种敬仰和崇拜的力量驱使被领导者自动投向领导者身边。当然，领导者的这种威望主要不是来自于权力和地位，而是来自于领导者的品德、才能和贡献。

2. 平衡艺术

现实生活中，领导者几乎每日每时都生活在矛盾和冲突之中，都需要运用平衡艺术建立和谐的人际关系。然而这里存在着两种平衡艺术：一种是建立在公正、平等基础上的平衡艺术，一种是建立在以强凌弱、以大欺小基础上的平衡艺术。我们需要的是前者，因为只有前者才是真正的平衡艺术。

如前所述，掌握和运用建立在公正、平等基础上的平衡艺术处理下级关系，关键在于寻找下级与下级之间的平衡点。一般说来，下级之间的平衡点必须满足以下条件。

一是平衡空间的等距性。平衡空间是指平衡点与若干个平衡对象（即发生冲突关系的下属）所构成的关系结构。实现平衡空间等距性的条件是：必须以平衡点为"圆心"，以同一规则或标准为"半径"。这样形成的平衡空间才具等距性。

二是平衡利益的可容性。下级之间的矛盾和冲突常常集中反映在相互利益上。因此，在平衡下级之间的利益冲突时，必须尽力寻求他们的共同点，使平衡后的利益具有最大可容性。

三是平衡心理的可接受性。下级之间矛盾和冲突不仅集中反映在利益上，而且还反映在心理上。因此，在平衡下级关系时所寻找的平衡点，必须使各方面在心理上都能接受。

3. 弹性控制艺术

在领导关系中，上级与下级之间既存在着相互依存的关系，又存在相互矛盾的关系。其中控制与被控制则是这种矛盾的集中体现。就领导者的职责和地位而言，他必须通过运用强制性和非强制性的力量，控制住被领导者的行为，使之按照上级的有关政策、号令和指示行事。但就某些被领导者意愿而言，他可能不欢迎有一种"异己的力量"时刻控制自己，因此本能地尽力摆脱之。这是一个很大的矛盾。解决这一矛盾的有效方法就是对被领导者进行"弹性控制"。

所谓弹性控制，是指领导者通过具有一定弹性空间或弹性范围的标准检查、控制被领导者的行为。在弹性空间内，被领导者不受任何外在力量的干涉，可以充分发挥自己的积极性和创造性，自己成为自己行为的决策者和控制者。这样，被领导者虽然仍然处于领导者的控制之下，但他们并没有明显的"受控感"，相反却充满着自觉感、能力感和被信任感，从而使上下级之间充满着和谐统一的气氛。

在现实生活中，迟到、早退行为是经常发生的。对此，领导者一般采取批评教育或惩罚手段加以正面控制。如果采用弹性控制，那就是不去正面批评或处罚迟到、早退行为，而是首先制定切实可行的弹性控制标准和范围，在这个标准和范围内允许人们"迟到"或"早退"。这样一来，原来意义上的迟到、早退行为就根本消失了。实践证明，实行弹性控制，不仅有利于调节上下级之间的心理冲突，而且还有利于培养下级的责任感和事业心。

4."保持距离"艺术

在上下级之间一般都存在或大或小的距离。如果这种距离过大，说明上下级关系"一般"，在这种情况下，上下级一般都有缩短距离、改善关系的愿望；如果上下级之间的距离很小，说明相互关系密切，在这种情况下，作为下级来说，他仍有继续缩短距离，进一步密切关系的愿望；而作为上级来说，则应保持冷静的头脑，把上下级关系控制在适当的范围内，使自己与下级之间保持一定的距离。如果上下级之间的距离完全消失，达到融为一体的程度，那么，上级对下级的影响力和吸引力必然随之消失。并且，如果上下级之间的距离完全消失，或这种距离过小，上级的意志就会被下级的意志所取代，或受下级的左右。这样，上级就会失去他应有的魅力、尊严和权威。因为这时的上级已被下级"吞掉了"。

在这种情况下，即使上级醒悟，重新"独立"出来，把下级"推"开，使他们重新保持一定距离，这也难以恢复他对下级应有的引力和权威，因为他的威严、魅力、神秘感已被下级"消化"掉了。

5.信息沟通艺术

所谓信息沟通，一般是指人们之间传达、交流思想观念以及情报信息的过程。它包括四种基本要素：一是信息传播者，二是信息接收者，三是信息内容，四是信息传播媒介和方式。根据中外学者的有关研究和广大领导者的实践经验，掌握和提高信息沟通艺术应该从以下几方面入手。

(1)建立全方位信息沟通网络

在信息沟通过程中，常常存在信息"盲点"，即有些很重要的信息不能及时反映到领导者手里，以致影响领导者对环境作出正确判断。如果建立全方位信息沟通网络，则可有效地消除这种现象。全方位信息沟通网络视每一位被领导者都为领导者的信息沟通对象，视领导空间内的每一角落都为领导者的信息点，通过全方位信息沟通网络，领导者的"神经""耳目"就可以伸向四面八方，及时了解和掌握领导空间内发生的各种矛盾、分歧和动态，以便使领导者作出快速反应。

(2)消除信息沟通障碍

在信息沟通过程中，即使全方位信息沟通网络，有时也难以保证领导者及时准确、全面地获得各种信息，其重要原因就是信息沟通障碍的影响。因此，为提高信息沟通的效率和效果，必须努力消除信息沟通障碍。

常见的信息沟通障碍主要有三个：第一，语言文字上的障碍。语言文字是信息沟通的主要工具。要消除语言文字沟通障碍，首先要求领导者注意语言文字对不同下属所可能引起的不同反应，对不同的人采用不同的语言解释。此外，还应多采用下属易懂的语汇，站在下属的立场上发表意见，在讲话时还应保持情绪稳定，讲究语言艺术，如下属有所误解，应耐心解释，以消除语意冲突。第二，地位上的障碍。要消除地位障碍，领导者要从自身做起，真正坚持公正、平等、民主原则，做到谦虚谨慎，平易近人，以实际行动向下级表明："职务无贵贱"，以消除下级的"趋上心理"和自卑心理。第三，心理上的障碍。心理上的障碍，主要来自上下级之间的修养、情绪、态度、感情等因素。一般说来，上下级之间如果感情越融洽，相互之间沟通则越顺畅，沟通频率越高，内容越广泛真实，沟通层次也会越深。如果感情不和，或互有偏见或成见，则沟通既难顺畅，也难真实。同样，上下级如果都有良好的修养、正直的态度和稳定的情绪，则相互之间的沟通效果自然会好。相反，如果上下级都自以为是，在心理上处处防范对方，则必然难以真诚相处，更谈不上及时的信息沟通了。这种心理上的沟通障碍，不论上级还是下级都负有责任。然而，上级作为领导首先应从自身找问题，加强心理修养，宽人律己，有"长者风度"，以自己的模范行动感染和带动下属。

（3）采取灵活多样的沟通方式

有效沟通的另外一个要求，就是根据实际情况采取灵活多样的沟通方式。常用的沟通方式一般可分为口头沟通、书面沟通和形象沟通，它们都存在正式沟通与非正式沟通两种类型。因此，沟通方式可细分为正式口头沟通与非正式口头沟通、正式书面沟通与非正式书面沟通以及正式形象沟通与非正式形象沟通六种方式。选取沟通方式需要因时、因地、因人而异，具体情况具体对待。此外，选取沟通方式还要考虑到沟通内容的性质、数量以及在沟通中可能产生的障碍。也就是说所选取的沟通方式应适应沟通内容的性质、数量的要求以及利于消除在沟通过程中可能产生的障碍。

（4）控制非正式沟通系统

任何组织都难免存在非正式沟通系统。其类型主要有：一是单串型，即由甲传乙，由乙传丙，由丙传丁……依次传递下去。二是"饶舌型"，即由甲主动把信息传给所有的人。三是随机型，即由甲把信息随机地传给某一部分人，这些人又随机地传给另一些人。四是集聚型，即由甲把信息传给某一小团体，再由小团体分头传给另外一些小团体。非正式沟通本质上无所谓"好""坏"之分，主要取决于领导者如何驾驭和运用，如果驾驭得法，运用得当，可增强组织活力，密切上下级关系。相反，如果一味压制或不闻不问，则可能产生相反的结果。因此，领导者应注意：首先，在制定决策或处理某些问题前后，应借助非正式沟通系统探测下属的真实意见和反映，作为制定或修正决策的依据。其次，充分注意某些传闻所体现的真实性和群众性，了解其实质上所代表的意义和要求。因为某些传播广、影响大的传闻，常常是群众愿望和情绪的反映，因此必须急切处理。第三，掌握非正式沟通的核心人物，必要时可利用他澄清事实或传播信息。第四，完善正式沟通系统，及时、准确地向人们提供他们所需要的信息，以此来抑制非正式沟通系统的副作用。

三、处理与群众关系的原则和方法

任何一个领导者都有一个群众关系问题。群众关系如何，直接影响工作的开展以及个人的升迁。要处理好群众关系，一是需要坚持原则，二是需要讲究艺术。

（一）处理群众关系的原则

1. 积极领导群众的原则

积极领导群众，是领导者处理群众关系的一重要原则。如果背离这一原则，群众关系搞得再好，也不是一个称职的领导者。

积极领导群众，包括宣传群众、组织群众、教育群众和带领群众一道前进。需要强调的是，领导者绝不能只为了照顾群众关系，而迎合群众的某些情绪，或迁就某些落后群众的要求。积极领导群众，就其基本领导方法而言，不外有两种：一是一般号召与个别指导相结合，二是领导与群众相结合。

一般号召与个别指导相结合，就是从许多个别指导中形成一般意见（一般号召），又拿这一般意见到许多个别单位中去考验（不但自己这样做，而且告诉别人也这样做），然后集中新的经验（总结经验），做成新的指示去普遍地指导群众。实践证明，这一方法是行之有效的，因而是必须坚持的。

领导与群众相结合也是基本的领导方法。否则，只有领导骨干的积极性，而无广大群众的积极性相结合，便将成为少数人的空忙。

从理论上分析，领导与群众相结合是领导活动基本规律的反映。不论进行何种工作，领导者的能动作用和被领导者的能动作用都是缺一不可的。并且，只有把上述两种能动作用协调组合起来和充分发挥出来，才能形成最大的组织合力。

2. 一切为了群众，一切依靠群众的原则

一切为了群众、一切依靠群众，是我们党的群众路线的核心，是领导者处理群众关系的根本原则，也是我们一切工作的出发点和归宿。这也包括依靠作为工人阶级一部分的专业技术人员，为了充分发挥专业技术人员的聪明才干，要对他们在政治上充分信任，工作上放手使用，生活上关心照顾。

但是，应该看到，由于资产阶级和封建主义腐朽思想的影响，一些党员和干部为人民服务的观念淡薄了，脱离群众的官僚主义、命令主义滋长了，因而在不同程度上又偏离了一切为了群众、一切依靠群众这个原则，在群众中造成了很坏的影响，严重

损害了领导与群众的关系。

一切为了群众、一切依靠群众，对于广大领导者而言，它意味着责任和行动，意味着要把向领导机关负责和向人民群众负责统一起来。但有的领导者却常常把二者对立、割裂开来。一种情况是只对上级负责，把机关变成"收发室"，把自己变成了"收发员"。上级的文件、指示一来，只顾应付向上级汇报，向顶头上司交差，而把本单位的实际和群众忘在脑后。另一种情况是借口对群众负责，拒不贯彻执行上级的指示。表面上好像是为了群众，其实是假借群众之名搞本位主义。要坚持一切为了群众、一切依靠群众，必须克服上述错误倾向。

3. 自觉接受群众监督的原则

在社会主义条件下，领导与群众都是国家的主人，都享有同等的民主权利。一方面，领导有监督群众的责任和权利，另一方面，群众也有监督领导的责任和权利。领导与群众之间的互相监督，互相促进，是社会主义民主政治的体现，也是防止领导关系"异化"的重要机制。

自觉接受群众监督意味着要把自己当作群众中的一员，与群众同呼吸共命运；要主动向群众征求意见，及时反映群众的要求和呼声；定期向群众报告工作，请群众检查评议；对群众比较关心或比较"敏感"的问题的讨论决定，应主动邀请群众代表参加；时刻注意自我反省，一旦发现过失，应主动向群众检讨。实践证明，坚持这一准则既有利于提高领导水平，也有利于密切领导与群众的关系。

(二) 处理群众关系的方法

处理群众关系的方法可从不同角度、不同侧面加以探讨。下面围绕如何建立领导威信、赢得群众拥护这一线索探讨处理群众关系的方法。

1. 合理运用赏罚

赏必信，罚必果，这几乎是古今中外所有领导者建立领导威信、赢得群众拥护的座右铭。然而，在实际工作中真正做到合理运用赏罚并非易事。从我国目前领导工作的实际情况看，要真正做到这一点，特别需要注意以下的问题。

(1) 不受私情左右

私情常常是坚持信赏必罚的最大障碍。一个领导者如果受私情左右，就难以看清事实真相，即使看清了，也难以作出公正的裁决。这个道理虽然简单但真正做到并不容易。这里既需要领导者具有无私无畏的精神，又需要具有超越一切情感的理性头脑。诚然，领导者与群众相处过程中，"个人感情"的形成是不可避免的，并且这种感情的厚薄也常因人而异。我们这里所强调的仅仅是不要因"个人感情"而影响我们的正确判断，更不能使其左右我们必须坚持的"信赏必罚"，要把这种感情控制在一定范围内。

（2）赏罚要公平

赏罚要公平与赏罚不受私情左右有密切关系。后者是前者的重要前提之一。但赏罚公平强调的是守则、制度面前人人平等。不论是谁，有功则赏，有过则罚。即使"王子犯法"，也要"与庶民同罪"。这样做，尽管可能会"得罪"某些人，但却会赢得大多数群众的拥护。

（3）赏罚要及时

这就是说，一旦发现有功者应当立即奖赏，一旦发现有过者应当立即处罚。这样能收到"立竿见影"之效。当然这有赖于领导者对情况的及时了解和掌握。

（4）赏罚要适度

即赏罚的程度要掌握在最佳水平上。赏罚的适度性常常比赏罚本身更重要。实践表明，缺乏适度性的赏罚常引起群众的不满情绪。当然，要做到"适度"并不是一件容易事。一般说来，大功大奖，小功小奖；大过严惩，小错薄罚。由于群众中不同人的觉悟、性情、心理承受力等不尽相同，所以，赏罚适度性还表现为因人而异、因时而异。

（5）赏罚要并用

赏罚并用具体表现为两方面：一是就总体而言，对群众的行为表现坚持赏罚两种手段并用。依据具体情况，在对一些人施以奖赏的同时，对另一些人处以惩罚。二是就个体而言，即在对某一群众施以处罚的同时，也要对其某些值得肯定的行为给以褒奖。这里，过分注重奖赏而忽视惩罚，或过分注重惩罚而忽视奖赏都难以收到最佳效果。一个领导者在想要批评惩处部属的时候，首先应想到给以适度的褒奖，这常会给部属以信心，而部属也会因此对领导者心存感激。

（6）善于防微杜渐

在一些被忽视的小错误和小失败中，往往隐藏着巨大危机，这常常是成功与失败的临界点。

2. 以威信服众

威信是领导者的立身之本，建立威信是赢得群众拥护的关键。而建立威信、以威信服众并不是一件容易的事。

根据现实经验及有关学者的研究成果，建立威信不外有以下途径。

（1）品德高尚生威信

一般说来，群众都敬重和拥戴品德高尚的人。正所谓"德高而望重，无私而威生"。现实生活中有些领导者之所以威信不高，群众不佩服，多半都是"我"字当头，私心严重。因此，去除"我"字、克服私心，是提高威信、改善群众关系的根本。

（2）言出必行建威信

言出必行，其一对自己而言，其二对群众而言。对领导者来说，不论做什么事情，最要紧的是言出必行讲信用。一个领导者如果能使群众相信自己说的话一定能办到，就表明他在群众中已经有威信了。这样，群众也一定会支持领导工作。相反，如果领导者经常言而不行，就算许诺了再多的好处，群众也会怀疑兑现的可能性，久而久之，便会丧失群众威信。

言出必行表现在群众身上就是"不得违令"。就是说，领导者发布的每一项命令、指示或要求，必须是可行的，并且要确实地被遵行。做到了这一点，领导者的威信就随之建立起来了。

（3）以身作则树威信

领导者能否以身作则直接决定其威信的高低。现实生活中，凡是模范作用好的领导者，其威信就高，反之则低，充分说明了以身作则是树立领导威信的重要前提，这方面的事例枚不胜举。

（4）做出实绩立威信

一个领导者特别是新上任的领导者在做出实绩之前，一些人常常存在不信任或"不服气"心理。对此，领导者大可不必计较，而是要施展全身"解数"，尽快做出实绩。实绩一出，威信自立。

当然，做出实绩立威信要有相应的领导才能和领导艺术。但这对大多数领导者来说，都是可以通过学习和实践加以提高的。

3. 善演群众角色

作为领导者最应避免的，就是群众一见到你，就像鱼群似的逃开。造成这种现象的原因很多，其中之一就是领导与群众之间缺乏应有的感情和体谅。在领导与群众之间，如果失去了感情和体谅，就像绿洲失去了甘泉。为增进领导与群众之间的感情和体谅，一个有效办法就是领导"善演群众角色"。

（1）领导者要善于"忘却自己"

这里所说的要善于"忘却自己"，并不是说领导者要忘记自己肩负的重任，而是说领导在与群众接触当中，一要"淡化"自己的权力、地位意识；二要"脱下领导的外衣"；三要视自己为群众中的普通一员；四要从群众角度体察群众。

领导者地位越高、权力越大，越应该平易近人，谦虚谨慎，同群众同呼吸共命运。做到了这一点，群众自然会佩服，领导者也会深切体察和理解群众的思想感情。

（2）善于融自己于群众之中

领导者不仅要善于融自己于先进群众之中，更要善于融自己于后进群众之中。当然，这并不是说与后进群众"同流合污"，或者姑息迁就后进群众的某些不良行为。而是要求领导者善于理解、关心后进群众，同他们"交朋友"，并利用一切机会接近他们，参加他们的某些活动，则有助于领导与群众之间的相互理解和体谅，还能大大改善领导与群众的关系，也能大大促进领导工作的顺利开展。

4. 恩威有度

领导者要想实施有效领导，必须要德威兼顾，宽严得宜。如果只施以小惠，而没有威严，被领导者就会像一群在溺爱中成长的孩子，不听教诲，将来更不可能成为有用的人。相反，如果对任何事都采取严厉的态度，或许在表面上能使人遵从，但绝无法使人心服。所以，一定要有公平的赏罚，施恩于人，如此才是真正的威严。没有恩只有威不行，而没有威只有恩也不行。要想获得大多数人的拥护，必须在体察民心的基础上，掌握好恩威的收放，做到恩威并用而有度，宽严得宜而服众。为此，以下几点值得掌握。

(1) 恩威交融

恩不仅表现为对群众在物质上的奖赏和帮助，而且还表现为在精神上的理解、宽慰、尊重、信任和鼓励等。恩威交融就是指领导者在处理与群众的关系上，特别是在自己行使权威的行为中，善于把恩的因素和威的因素有机地融合在一起，以收群众既服从又感激之效。以下三点值得提倡。

一是命令与商量融为一体。现实生活中，常有一些家长作风较为明显的领导者，他们在对待群众的态度上，总习惯于"下命令""作指示"。当然这些人中多是资历深厚，经验丰富。因而总体说来，照他们的命令去做，没有什么过错。但是这种做法久而久之，常使群众受到压抑，引起不满，难以使群众心悦诚服，甚至有时是出于无奈。为避免这种情况，应该尽可能把命令与商量融合在一起，即把商量的"形式"与命令或指示的内容有机结合起来。这样做，既可避免领导者的命令或指示的不周，也可使群众因受到领导者的充分信任和尊重而心情舒畅，从而以极大的热情去执行领导者的命令或指示。

二是谴责、惩处与尊重、关怀融为一体。对犯错误的下属进行批评时既体现谴责和惩处，同时又体现发自内心的尊重和关心，从而使对方既诚服又感激。

三是善于以"以母亲的手握利剑"。它是说，一个领导者既要有母亲似的温和、慈爱和无私，时刻给群众以真诚的爱，同时又要"手握利剑"，对群众的各种不良行为绝不姑息迁就，使恩威高度统一起来。做到这一点，就会使群众对领导者既尊重和感激，又不敢违令擅行。

(2) 宽严得体

群众是各种各样的。有些人觉悟较高，不需领导监督就能照章行事，并不出差错；而有些人则拈轻怕重，需领导者从中督促，施加压力，才能谨慎工作等等。为了使绝大多数群众能够按照领导的正确意图以及各项规章制度积极工作，在坚持恩威并用的同时，还要讲究宽严得体。具体说来，需要注意以下四点：一是宽严须因人而异；二是宽严须因事而异；三是宽严须因时而异；四是宽严须因势而异。

(3) 顺逆有度

顺应民心也是有条件、有限度的。事实上不可能做到无条件、无限度的"顺"，在有些情况下，对某些群众的意愿还要辅之以"逆"。这里关键要做到"顺逆有度"。

一要看群众的意愿是否合理。合理的要"顺"，不合理的要"逆"。

二要看群众的意愿（指合理的意愿），暂时有无条件满足，以及能在多大程度上满足。暂时有条件满足的要"顺"，无条件则需节制之。

三要看群众的意愿是反映其眼前利益还是反映其长远利益，或者是两者兼而有之。事实表明，许多群众意愿多是反映其眼前利益，如衣食住行等。如果群众意愿所反映的眼前利益须以牺牲其长远利益或国家利益为代价，则应"逆"之，否则应"顺"之。

（4）相互交感

相互交感是指领导与群众之间在精神上相互感应过程。对于领导来说，就是要善于以诚挚的感情和信任态度打动人们的心，使其产生敬重感激之情，进而激发出强烈的责任感和事业心。

（5）大小兼顾

身为领导者，对群众利益应善于大小兼顾，全面关照。不能只注重群众长远的根本利益而忽视其眼前的细小利益，更不能只注重群众眼前的细小利益而忽视其长远的根本利益。这样才能赢得群众稳固而持久的拥护。

（6）褒贬相随

褒贬相随是指领导者在责备别人的同时，也要伴之以适当的赞扬，同样，在赞扬别人的同时，也要适当指出他的不足。这对协调领导与群众的关系大有裨益。

5. 善于当"听众"

领导者就其职能而言，他不是"听众"，而是"导演"。但要当好"导演"，必须善于当"听众"。具体说来，需要注意以下几点。

（1）洗耳恭听群众意见

群众意见有各种各样，不论对何种意见，都要"坐住板凳"。首先，需要领导者有虚心听取群众意见的态度。其次，需要有专心倾听的雅量。即使是对某些幼稚的或片面的批评意见也应如此。切不可有"不屑一顾"的神态，而应诚恳地表示："你的意见我很理解，但有些方面还欠斟酌，所以目前还难以采用。但我还是很感激你，今后如果还有什么意见，希望你多多提供。"这样，群众意见尽管不被采纳，也会很高兴。如果领导者能以这种态度对待群众意见，离"成功"就不远了。

（2）不要怕"挨骂"

再优秀的领导者，也不可能赢得所有群众的赞扬和拥护。因为在某些具体问题的处理上，赢得大多数人的拥护常以"得罪"少数人为前提。因而"挨骂"是难免的。对此，领导者一不要怕"挨骂"，二要主动去"受骂"，三要尽量创造条件减少"挨骂"。尤其是由于领导的过失而引起"挨骂"的情况下，更应如此。而对群众中某些无中生有或添枝加叶的批评或辱骂，也要听下去，不必抗辩，一笑置之。

（3）认错不是弱者

"人非圣贤，孰能无过"。但只要坦率承认自己的过失，就可堪称贤明了。俗话说："认错不是弱者"，而是自尊、自信、自强的表现，喜欢归咎别人，才是懦弱的象征。

一个领导者如果敢于认错，会给群众留下美好印象，也能在很大程度上挽回因过错而造成的影响。这不仅不会掉领导的"价"，反而会使其威信大增。而有些领导者总感到在群众面前认错有失"面子"，即使心里想认错，而口却难开，总希望别人给个"台阶"。其实这也是"弱者"的表现。实践表明，勇于认错的领导者，是能够获得群众谅解和拥护的。

6. 善于"同化"群众

在领导与群众接触过程中，经常会发生这样或那样的矛盾分歧。在这种情况下，领导者不是"同化"群众，就是被群众"同化"。一般说来，身为领导者应该有强烈的"同化"群众的意识，使群众紧紧围绕在自己的周围，成为自己的"有机部分"。当然这种"同化"是以党的路线、方针、政策以及各项规章制度教育和统一群众的思想行为，而不是以某些庸俗思想和手段把群众"化为己有"。事实表明，领导者"同化"群众的意识和能力越强，获得的群众越多，其实际领导权力和地位越高，越容易出成绩。善于"同化"群众是一门艺术。这里以下几点需要掌握。

（1）善于体察群众

及时了解群众的要求、愿望及思想动态。这是"同化"群众的前提要素。

（2）善于吸引群众

一个领导者需要有吸引人的魅力，应该像磁铁那样把群众吸引在自己的身边。为此，需要做到的是使不同群众都能发挥各自的特长，并容忍他们的某些缺点；使群众感受到他们不仅是领导者的部属，而且是朋友，并能从与领导者的交往过程中获得乐趣；使群众有受尊重感、安全感和成就感。

（3）善于说服群众

"同化"群众不是为某些错误思想所"同化"，而是以正确的思想去"同化"。这就需要领导者掌握说服群众的艺术。其中的关键就是因人、因事、因时而异去说服。对有些人只要点到即可，对有些人则要动之以情，晓之以理，导之以行，等等。

（4）善于"虚""实"结合

这里的"虚"是指目标和理想；"实"是指"实惠"。"同化"群众首先应以目标和理想为先导，以统一群众的思想和行为。但这还不够，还必须辅之以"实惠"。"虚""实"结合，才能使群众始终保持希望和动力，产生巨大的"同化效应"。

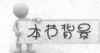

第 三 节　同事关系的协调方法与技巧

协调与处理同事关系和组织关系也是人际关系的重要内容和组成部分，搞好人际关系协调应十分注重同事关系和组织关系的协调。

同事关系协调过程中，你认为最棘手的是什么？

一、同事关系及其协调的意义

同事关系是指在同一职业群体中从事共同工作形成的无权力等级差别的业缘关系。它可包括过去曾在一起工作过和现在正在一起工作两种类型。同事关系是职业群体中最广泛存在的一种人际关系形态。同事间关系融洽、和谐，相互间的心情会舒畅，并伴随出现一种相互帮助、团结协作的工作气氛，有助于提高个体工作的积极性、主动性和创造性。反之，同事间关系紧张、矛盾，一定会导致相互猜疑、互为嫉妒的异常心理。调节好与同事的人际关系，对于创造一个良好的工作环境，提高人们工作及心理的适应性，促进群体目标的顺利实现，于公于私都有积极的作用。

二、同事关系协调的方法

（一）明确人际关系类型

同事之间的人际关系是在一种共同的职业工作中表现出来的一种相互依存的关系，从常理上讲，这种关系可以保证同事之间情感相容、气氛和谐并协调一致地工作。但由于个体生活方式、教育背景、性格爱好、生活经历、理想追求、奋斗目标等诸多的差异，职业群体中的每个人不可能都能与他所处的群体及群体中的每一个人合拍，因而在团体内就产生了各种不同的人际关系类型。常见的有以下几种。

1. 合作型

关系双方有共同的理想信念，志同道合，关系状态表现为互谦互让，真心实意，真诚合作，交往密切。工作时间越长双方配合越默契，心理需要越能得到满足。

2. 利用型

关系双方没有共同的理想信念，志不同道不合或志同道不合。交往状态表现为相互利用，并设法从对方那里获取自己需要的东西。

3. 共事型

关系双方理想信念不尽相同，但能友好相处，不能深交。

4. 被迫型

关系双方只因客观工作环境需要而被迫违背主观愿望在一起共事，人际状态貌合神离，一触即溃。

人与人之间既然成为同事，不管你愿意与否都要产生联系并进行交往。因此，我们没有理由不去重视这种交往，无论是为了个人生活和事业的成功，还是为了做好工作的需要，你都应该使自己的同事关系尽可能成为合作型的关系。清醒地认识同事关系，明确相互交往的基点——利益一致、相互依存，就能够为取得合作型的人际关系提供正确的认知条件。有意识地运用相关人际关系的调节策略，也能为同事关系的发展与改善提供技术支持。此时，真诚地表达自己的愿望，比不知头绪地去埋头于一项工作更能赢得好的印象。

（二）要有与人为善、友好相处的愿望

与人为善是发展良好人际关系的基础，友好相处，是建立良好同事关系的起点，如果同事间一开始就没有与人为善、友好相处的愿望，那么在工作中就会回避交往，冷漠相处，甚至敌视。

（三）严于律己，宽以待人

"金无足赤，人无完人。"与同事相处，就应当首先学会严格要求自己，宽容他人的弱点和不足。只有这样别人才乐于接近你，并可能建立起进一步的关系。相反，过分苛求别人，甚至鄙视、诋毁别人，都不能形成和谐的同事关系，会受到他人的冷落和隔离。为此要努力做到以下几点。

- 多看别人的长处并以客观的态度给人以评价，及时进行推心置腹的思想交流。
- 用全面发展的眼光看待事物，可消除某些偏见和成见。

• 多倾听别人的意见，通过同事的反馈来反省和调整自己，"见贤思齐焉，见不贤而内自省也"。

• 听到别人的评论，即使是不公正的批评，也要采用严于律己的态度冷静思考，并找适当的机会加以解释，切忌耿耿于怀。

（四）学会调适冲突

冲突对同事关系发展有直接伤害的作用，并会在双方情感上留下阴影，为以后相处带来障碍。激烈的情感冲突甚至会导致感情破裂，使双方结下芥蒂，并由此变得相互排斥以至敌视。其实，在共同工作中，同事之间因意见分歧和某些误会产生冲突也在所难免。一旦发生冲突，双方应冷静克制，努力将冲突限制在最小范围内。

在单位里如果同事之间出现意见分歧，采取以下措施可避免冲突。

• 以商量的口气提出自己的意见和建议，应尽量避免使用生硬否定性措辞。生硬、否定性措辞，容易伤害同事的自尊心，而引起对方反感。

• 对同事的错误进行批评，也一定要真诚、坦白、中肯，同时要注意方式、方法和环境，切忌在公开场合提批评意见，以免发生误会或冲突。

• 发现同事工作的差错，要暗示他（她）纠正，切忌冷言冷语或嘲笑，更不要让人感觉你是在挑毛病。

• 要学会认真、耐心地倾听对方的意见，并适当给予赞同和鼓励性的言语或表情的回应。这不仅能使对方产生积极真诚的心理反应，也能给自己带来某些有益的启示，切忌产生厌烦的情绪。

• 遇到不合作的同事，应该采取冷静和克制的办法，不要让自己也成为不合作的人。要相信"精诚所至，金石为开"的至理名言。宽容、忍让可能让你觉得一时委屈，但也正体现了你的广阔的胸怀和良好的修养。

• 学会原谅同事的过错，包括对你造成过伤害的同事。不计较个人恩怨，不将无关大局的小事总放在心上的人，是容易让别人敬重和爱戴的人。

• 有理也不要过分盛气凌人，理亏时更不要强词夺理，学会以朋友的态度与人共事，能避免很多冲突与摩擦。

• 学会成人之美。不要嫉妒同事的成就和进步，嫉妒对你没有任何帮助，不必因此而失落、嫉恨。失落行为，必将自毁前程。扩大冲突，只能使自己深陷困境和危机。

第 四 节 | 组织关系协调的方法与技巧

在实际工作中，人际关系是错综复杂、千变万化的，其中它的一种表现形式是组织关系。领导者遇到的往往不只是来自哪一方面的分歧、矛盾或是冲突，而是处于上行、下行、平行的复杂领导关系网中以及部门或是组织间的矛盾冲突中，往往受到来自各方面的影响或是牵制。此时，领导者具备不具备高超灵活的组织关系协调艺术，是对领导者协调能力的一个考验。

组织关系协调中，你觉得最重要的环节是什么？

一、正确分析造成矛盾分歧的原因

（一）目标上的差异

组织由于分工不同，各个部门、单位在组织设计时就已确定目标，各个子目标的组合就构成组织大目标。但在执行过程中，各部门和单位的领导工作行为常以本单位利益为中心，可能会忽视组织大目标与其他部门和单位的协调，使各部门和单位相互隔绝，致使冲突产生。

（二）认识上的差异

例如，甲单位的领导者认为实施 A 方案最好，乙单位的领导者则认为实施 B 方案最好，产生彼此认识上的差异，致使两单位意见一时难以协调，有可能引起部门的冲突。

（三）利益需要没有获得满足

组织中的部门或单位为了完成各自的任务，总需要一定的资金、原料或人力。而组织领导者一般要从大局考虑，根据该部门或单位对整个组织的贡献大小来分配资源，这就难免造成某些部门没能获得利益满足，可能导致部门与单位之间或是领导之间的指责、争吵甚至攻击。

此外，不健康的思想意识或不良的团体作风，以及职责权限划分不清，如权力交叉或职责缺漏等也可引起团体间的冲突。

由上述原因而酿成的冲突，不仅会造成各部门之间关系的不协调，而且也会给整个组织系统工作带来不良影响。因此，处理好组织内部各部门之间的关系，对于形成组织系统的合力，发挥组织系统的整体效应，具有重要的意义。

二、协调组织关系的手段

人与人之间、人与组织之间的冲突、矛盾既然不可避免，为了使之朝好的方面转化，领导就必须学会协调的手段，而协调的基本途径就是沟通。

（一）领导关系的协调沟通

1. 正式沟通

正式沟通是通过组织明文规定的渠道进行信息的传递和交流。正式沟通的方式很多，从领导者的角度来说，主要有以下几种。

（1）上行沟通

这种方式是指下级的意见向上级反映。下级把自己的愿望直接反映给领导，获得一种心理上和精神上的满足，从而激发其工作的积极性和责任感；而领导可以通过下属的反映，了解他们对组织目标的看法，对领导的看法以及他们的需求，使领导工作做到有的放矢。

（2）下行沟通

这种方式是指上层领导者把部门的目标、规章制度、工作程序等向下传达。它的作用，一是使下属了解领导意图，以达到目标的实现；二是减少消息的误传和曲解，消除领导者与被领导者之间的隔阂，增强团结；三是协调组织各层关系，增强各级的联系，有助于决策的执行和有效地控制。为使下行沟通发挥效果，领导者必须了解下属的工作情况、个性、兴趣、爱好和要求，以便决定沟通的内容、方式及时机；更主要的是，领导者要有主动沟通的态度，增强被领导者对领导者的信任感使其容易接受意见；同时，要听取被领导者的意见，必要时做出改正，以增加被领导者的参与感。

（3）平行沟通

这种方式是指部门中各平行组织之间、平级领导之间的信息交流。平行沟通能够加强部门内部平行单位的了解与协调，减少相互推诿与扯皮，提高协调程度和工作效率；同时，还可以弥补上行沟通与下行沟通的不足。

2. 非正式沟通

非正式沟通是指在正式沟通渠道以外进行的信息传递和交流。这种非正式沟通，是建立在组织成员个人的社会关系上。如，几个人的年龄、地位、能力、工作地点、志趣、际遇、嗜好以及利害关系的相同等等，会使他们之间频繁地接触，交换各种信息。因此，非正式沟通的表现方式和个人一样具有多变性和动态性。既然是个人关系，就常有感情交流，因此，还表现为不稳定性。这种交流久而久之，就会产生非正式首领。从管理的角度看，这种非正式的意见沟通，乃是出于人们本来就有一种相互结合的需要，而这种需要若不能从组织或领导者那里获得满足，则这种非正式的结合就将增多。

由于非正式沟通多数是随时随地可以自由进行的，所以它的影响和对组织的危害是很大的，领导者要想杜绝或堵住这种非正式沟通也是不可能的，只能运用灵活的协调手段，尽量减少它的影响，或是巧妙地利用它引导纠偏，把领导的意图变为群众的力量，起到正式沟通的作用，从而实现领导目标。

（二）组织部门之间的协调沟通

组织系统部门之间的关系，在很大程度上是部门领导人之间的关系问题。领导人能否顾全大局，他们之间的人际关系是否融洽，对部门关系影响很大，因此，作为领导者来说，要处理好部门之间的关系，就要加强配合与协调。

1. 做好沟通工作，打下协调基础

在目标上沟通。首先是强调整体目标，使大家认识到各部门、每个人对整体目标作贡献的重要性，以及相互配合、协调的必要性，力争把部门利益与共同的目标联系起来，进而增强各自对组织目标的关切感，减少部门与个人间不必要的冲突。其次要在具体目标上取得沟通和共识。各部门领导，在目标的确立上，要相互理解和关注；在目标的实施上，要相互支持和推进；在目标的冲突上，要相互调整和适应；在目标的成功上，要相互鼓励和总结。

在思想上沟通。各部门领导应避免单纯以本部门的利益得失考虑问题，而应当从各部门利益的互相联系上即全局上考虑问题，包括设身处地地替其他部门着想，达成彼此的共识，以防止思想认识上的片面性。各部门领导在思想观念、思想方法、思维方式上也是互有差异的，由此而形成的观点上的争鸣和分歧，可以通过平等的交流、启发，缩小认识上的差距，以达到统一。对于因工作关系所引起的思想误会、隔阂，各部门领导之间应严于律己，宽以待人，必要时多作自我批评，求得谅解。

在感情上沟通。很难设想，没有任何感情交流的部门领导之间，工作上可以融洽。所以感情上的联络和加深，对部门领导来说是很重要的。要增加感情上的沟通，除了目标和思想上的认同外，还可通过工作交流、参观访问、文体活动、公共关系活动等不断加深，从而创造一种和谐共事的情感环境。

在信息上沟通。部门之间的矛盾与隔阂，都可以从信息沟通上找到原因。因为沟通也是传达交流情报信息的过程。一般而言，凡缺乏沟通的部门，信息传递必然不畅，极易造成部门之间的不了解、不理解和不协调，甚至造成某些冲突，既影响工作又影响团结；凡主动沟通的部门，必然信息流畅，往往容易赢得对方好感，取得信任，形成部门之间的良好关系。

2. 要有互助精神

各部门领导之间在强调自己工作的地位和作用时，不能贬低而要同样肯定其他部门的地位和作用。工作的配合与支持不能仅是单向的企求，而应成为双向的给予。各部门领导之间互相支持，是圆满完成组织工作任务的前提。一个各部门之间相互支持的组织，才是有力量的组织。各部门之间的互相支持与理解，是消除分歧，避免冲突，友好相处的重要原则。

三、维护合理竞争

由于各部门在组织系统中处于不同的地位和具备不同的功能，部门之间不但具有共同的利益和目标，而且还具有各自不同的利益和目标，因此必然存在竞争。组织内各部门的地位差、功能差，既反映了相应的权利和义务，也反映了相应的责任和贡献。这是组织系统各部门在协作过程中存在竞争的客观基础。

在组织内部，竞争是一种最活跃的因素和力量，具有使组织系统不断发生变化的功能。这种功能既可以使组织系统发生进步性变化，使组织的作用充分发挥出来，也可以使组织系统发生破坏性变化，造成组织系统的不稳定，产生结构内耗与功能内耗。合理竞争要求部门之间为实现组织系统的整体目标，形成一种正常的竞争关系，最大限度地发挥各自的积极性和创造性。

在合理竞争中，既反对封锁信息、相互拆台、制造矛盾，也反对满足现状、不求进取、得过且过。特别应反对的是那种不择手段、尔虞我诈的倾轧和竞争。

组织系统部门之间出现矛盾冲突时，如果涉及范围小，则可以采取"协调解决法"。协调时双方把问题摆在桌面上，开诚布公，阐明各自的意见，把冲突因素明朗化，共同寻找解决途径。如果部门之间经过协调仍无法解决冲突时，可以使用仲裁解决法，即由第三者出面调解，进行仲裁，使冲突得到解决。但是，这里要求仲裁者必须具有一定的权威性，最好是冲突双方都比较信任的，或者社会和法律认可的，否则可能仲裁无效。

思　考

1. 简述人际关系的定义和特点。

2. 结合实际，谈谈在工作中如何处理与上级的关系。

3. 结合实际，谈谈在工作中如何处理与下属的关系。

4. 结合实际，谈谈在工作中如何处理与同事的关系。

5. 结合自己的实际，谈谈你对"大事讲原则，小事讲风格"这句话的认识。

游戏名称：穿衣服（增强队员间的信任和默契度的游戏）

沟通的一大误区就是假设别人所知道的与你知道的一样多，这给人际交往带来许多不便，比如下面这个游戏就以一种很喜剧的方式说明了这一点。

游戏规则和程序：

1. 挑选两名志愿者，A和B，其中A扮演老师，B扮演学生，A的任务就是在最短的时间内教会B怎么穿西服（假设B既不知道西服是什么，又不知道应该怎么穿）。

2. B要充分扮演出当学员的学习能力比较弱的时候，老师的低效率，例如：A让他抓领口，他可以抓口袋，让他把左胳膊伸进左袖子里，他可以伸进右袖子里，以极尽夸张娱乐之能事。

3. 有必要的话，可以让全班同学辅助A来帮助B穿衣服，但注意只能给口头的指示，任何人不能给B以行动上的支持。

4. 推荐给A一种卓有成效的办法：示范给B看怎么穿。以下是工作指导的经典四步培训法：

（1）解释应该怎么做。

（2）演示应该怎么做。

（3）向学员提问，让他们解释应该怎么做。

（4）请学员自己做一遍。

相关讨论：

1. 对于A来说，为什么在游戏的一开始总是会很恼火？

2. 怎样才能更好地使A与B之间进行更好的沟通？

总结：

1. 在游戏的开始阶段，A总是会觉得很恼火，这主要是因为A的预期与B的实际能力不一致所导致的，A认为一般人都应该会穿西服，而B恰恰是不会穿西服的，两者之间产生落差，自然会让A觉得B很笨。

2. 对于反应迟钝或能力比较弱的学生来说，老师们应该首先要端正自己的心态，要将其调整到与学生相符的状态上，千万不要对学生表现出不满和鄙视，应该多和学生沟通，帮助他们确认自己的能力。这一点也可以推广到日常的人际交往中。

3. 在沟通的过程中，微笑和肯定是非常重要的，肯定别人做出的成绩，即使是微不足道的，因为那样可以帮助他们巩固自己的自信心，更快地掌握所要学习的知识。

参与人数：2名志愿者，集体参与

应用：（1）有效沟通技巧的训练；

（2）创新能力的培训。

第九章

专业技术人员领导协调素养和能力的培养

善于发现人才，团结人才，使用人才，是领导者成熟的主要标志之一。

——邓小平

本章概述

领导协调素养与能力是领导素养的一项重要内容，其水平高低对领导活动的成败具有决定性意义。一个领导者要正确地认识和运用领导活动的规律，有效地履行领导职能，做好领导工作，就必须在全面训练和提高领导素养的基础上，有意识地专项培养提高自身协调素养和能力。

本章要点

- 领导协调素养与能力基础知识
- 如何培养和开发协调素养与能力
- 如何在社会实践中锻炼提高协调能力

案例 开启

2011年12月5日，在历史上著名的华盛顿福特剧院，来自不同领域的精英领袖登上演讲台，表达他们对领导者品质有何看法。他们之中，包含新泽西州州长克里斯·克里斯提（Chris Christie）、《纽约时报》专栏作家尼古拉斯·克里斯托夫（Nicholas Kristof），以及诺贝尔奖获得者艾哈迈德·泽维尔（Ahmed Zewali）等。所有七位嘉宾都赢得了 2011 年哈佛大学肯尼迪政府学院公共领导力中心与《华盛顿邮报》联合评选的"美国杰出领导者大奖"。这一奖项旨在赞誉那些激励人们"合作共事、共建伟业"的人士。

七位"美国杰出领导者"分享了各自对领导力的智慧，甚至有一些是个人的看法，是什么激发了他们对工作的热爱、公众生活带来的苦恼。他们的观点中有一个共通之处：处于领导地位的人一定要顾全大局，勇于牺牲小我。以下是各位获奖者的观点。

克里斯·克里斯提州长：因为接过华盛顿政客留下的烂摊子而在美国政界引起关注。作为一位与民主党州立法机关共事的共和党州长，他从 2009 年接任这一职位以来，成功降低了本州的财政赤字。他说：美国财政危机"是每个人的领导失职"。赢得公众信心最重要的方面就是"说真话"，克里斯提说道："气概也是一部分。偶尔娱乐一些并无碍。"可是当被问到哪些政客没讲真话时，克里斯提一语双关："我们只有 20 分钟的时间。"风传克里斯提曾有意加入 2012 年总统大选，但他却一再暗示自己无意为之。"竞选总统归根结底还是个人选择的问题。"他指出，"你必须感到自己绝对做好了准备，（感到）这是你必须做的事情。如果我没有这种感觉，就没有义务仅仅因为自己看到一个政治机会而做这样的事情。"那么以后会不会有此感觉？他又说道："我以后可能会反悔。我可不知道自己以后会是什么感觉。"

希拉·贝尔（Sheila Bair），曾在 2006 年到 2011 年 7 月间担负联邦存款保险公司董事长。金融危机期间，她不顾华尔街的反对，采纳措施保护美国储户的利益和整个金融系统。作为土生土长的堪萨斯人和前共和党参议员罗伯特·多尔（Robert Dole）曾经的职员，她在自己的员工中却颇受欢迎。联邦存款保险公司是美国政府中最令人快乐的工作单位。贝尔说，领导最重要的工作之一就是"明确使命，阐明目的"。而对联邦存款保险公司来说就是保护美国储户。当前最需要进行的财政改革就是"要敢于让银行倒闭"，她指出，"市场需要认识到这一点。大本身并不是坏事，但应该是市场力量使然，而不是监管呵护网的结果"。

无论是贝尔还是克里斯提，都对外貌在公众生活中饰演的角色十分敏感。贝尔描述自己曾花两个小时的时间为《Vogue》杂志拍摄照片，那时她还在联邦存款保险公司工作。但最后却被告知这一专访只会在线发布，而不是在印刷版上。随后，有的人在博客上戏谑称她不够吸引人，所以无法登上时尚杂志。克里斯提则嘲笑那些说他太胖、没法竞选总统的人："这可真愚蠢"，他说，"这是偏见与愚蠢的最后残余。"

贾里德·科恩（Jared Cohen），搜索巨头谷歌公司的智库"Google Ideas"的负责人。他是美国国务院有史以来最为年轻的政策规划成员。在谷歌公司，科恩常常从不同角度看待问题。他从 40 个国家召集了 84 个曾经的极端分子来公开反对极端主义。"没人需要费力组织他们，因为这太冒险了"，科恩暗示。年轻人之所以加入极端组织，原因"和意识形态没有关系，只不过是（有）不满情绪——孤立、排斥、破碎的家庭、在学校被人作弄、没有其他选择"。年轻的极端分子告诉他，"如果有人能给出一个不要加入的原因，他们一开始就不会。我们错过了一个机会埋下质疑的种子"。除在谷歌工作，科恩还希望把误入毒品、人贩子和其他非法网络中的非传统人员组织起来，利用透明性和科技来曝光、削弱这类网络。

弗里曼·洛堡斯基（Freeman A. Hrabowski，Ⅲ），马里兰大学巴尔的摩分校校长，"Meyerhoff Scholars"计划联合倡议人。洛堡斯基指出，年轻人成长过程中在国外的时间越长，他们就会越努力。在其他人的工作道德中耳闻目染，能帮助美国学生专注于用功。他对比了两名在学校的尼日利亚裔学生。其中一人在当地长大，另一人却回到拉各斯读寄宿学校。在美国长大的学生见到校长时会说："好啊，博士！"而拉各斯回来的学生会说："您今天怎么样，先生？"洛堡斯基指出，换句话说，他就是在问："我能跳多高？我准备好努力学习了。"

迈克尔·凯撒（Michael Kaiser），约翰·肯尼迪中心表演艺术部负责人。他从四岁起就知道，自己的梦想是成为一名"艺术界领袖"。凯撒说："领导者并不是要为自己谋利，而是（要）制造变革。"凯撒接受了肯尼迪中心的艺术职位，但其实不需要为观众带来他们已经熟知的工具。"绝大多数在被问到，他们最好的艺术体验是什么？都会说是让他们感到惊讶的东西"，凯撒指出。他举例说，肯尼迪中心两年前举行的"阿拉伯文化节"卖出了 90% 的票，艺术家都几乎是不为观众所知的。

《纽约时报》专栏作家尼古拉斯·克里斯托夫（Nicholas Kristof）两度获得普利策奖。他一直希望"把原本不引人注意的事情拿到聚光灯下，最终提上议程"，才能让"早上读报的人把咖啡都洒出来"。1984 年加入《纽约时报》以来，他曾与妻子 Sheryl Wudunn 共同赢得普利策奖。2001 年成为《纽约时报》专栏作家以后，他又因为报道苏丹达尔富尔危机、人权和其他主题而两度获得普利策奖。作为青年记者的他曾在访问柬埔寨期间认识到人贩的恐怖。在那里，他亲眼看到被拐骗的女孩被拍卖。克里斯托夫生长在俄勒冈州一家养羊和种植樱桃的农场。农场归他父母所有。他就读于波特兰州立大学，初次打开了看看外面世界的一扇窗口，并坚定了他利用教育促进改变的信念。

艾哈迈德·泽维尔（Ahmed Zewali），诺贝尔奖获得者，加州理工学院化学与物理学教授。"最令我纠结的梦想就是：埃及实现变革，重拾往日辉煌，参与到现代世界中。只有依靠教育领域的文艺复兴，我的祖国才能成为一个知识型社会。"在被问到领导者的热忱来源于何处时，他说："这几乎是我们与生俱来的东西，被我们的师长、父母所塑造、所打磨。某种……内在的东西让（这些领导者）比他人梦想得更多。"对如何才能赢得诺贝尔奖，他指出："如果你真的想要赢得诺贝尔奖，你不会获奖，科学类肯定是这样。如果你随它去，发展自己的热忱与关注点，你或许还有机会。"

第 一 节 领导协调素养与能力基础知识

领导协调素养与能力基础是指领导者要履行领导协调职责所必须具备的素质、品格和能力条件，包括实践基础、心理生理基础、知识基础、性格基础、一般能力基础等。

什么是领导协调素养和能力？其有什么作用和功能？

一、实践基础

领导协调素养和能力在本质上是一种实践能力。它是人类所特有的主观能动性的一种表现，是实践和分工的产物。一些人的协调能力在他们未成年之前就得到了很好的培养。如果从小就过集体生活和习惯于各种组织生活的人的协调能力往往优于那些很少参加各种组织活动的人。长期从事领导活动的领导者，往往比刚刚从事领导工作的年轻领导者具有更丰富的领导协调经验。认真总结这些经验，自觉地把这些经验应用于新的领导实践，是非常重要的。

在实际领导活动中，领导者的工作环境对其协调能力的形成、发展都有一定的影响。领导者与环境的矛盾状况，直接影响着领导者协调能力的发挥。另外，社会历史环境也会影响领导协调能力的发展及其作用的发挥。

二、心理生理基础

领导协调素养和能力的形成，需要一定的自然前提、物质基础。首先是与他的脑的生理特点联系着的，特别是神经系统的天赋特性，对人的协调能力有着不容忽视的影响。大家知道，人的神经系统的基本特性（强度、灵活性和平衡性）直接影响着人的感受性、兴奋性、反应性、反应速度、灵活性、可塑性和刻板性、外倾和内倾、可交际性等心理动力指标。这些生理心理指标所标志的生理心理特征，影响着人的一切行为的外部表现。从另一方面讲，某些特定的领导协调活动对协调主体即领导者的神经动力特性和心理动力特性都有一定的要求，如果人的气质特点与这些要求不相符合，就会影响活动的成效；虽然气质的影响不是绝对的，但是，领导者的神经系统的基本特性和人的气质毕竟对协调活动及其效果有一定影响。因此，作为一个领导者，应当准确地了解自己的神经系统的基本特点和气质类型，并注意按照领导协调活动的要求，克服自己气质的消极影响。

三、知识基础

各种相关知识，是领导协调素养和能力形成和发展的基础条件之一，因为它既是构成协调能力的因素，又是获得协调能力的中介。领导者的协调能力，总是在掌握和运用相关知识的过程中形成和发展的。一个领导者如果不努力学习和掌握协调所需要的各种知识，是不可能获得高水平的协调才能的。

一般说来，"无知无能，多知多能"。但能力和知识并不完全成比例。事实上，知识的掌握并不绝对等于能力的发展。能力的提高，有赖于知识的掌握；但在获得知识的过程中，又要注意知识向能力的转化。

四、性格基础

性格是影响能力形成的一个主观因素。性格和能力是在统一的发展过程中发展起来的、能力的发展受性格的制约。一个领导者性格的弱点，常常是他们的协调能力形成和发展的障碍。因此，一个领导者要想充分发展自己的协调能力，必须把对自己的性格的培养和能力的培养结合起来。

崇高的理想和强烈的事业心，能推动人们自觉地深入探索领导协调活动的内在规律，促使人们把更多的精力倾注于协调活动，促进其协调能力的发展。

坚强的意志对领导协调能力的形成和发展来说，也是很重要的。领导协调活动是异常复杂的工作，完成这样的工作，要求极大的意志努力。前苏联著名的心理学家捷普洛夫在研究战争史材料，探讨战略活动家所必需的心理品质时曾指出，战略活动家的思维具体性、迅速寻求解答能力、预见能力等能力品质是与相应的意志品质相统一的。意志是人自觉地确定目的并支配行动去克服困难以实现预定目的的心理过程。在实践活动中，坚强的意志有力地推动着人们积极地认识改造世界和控制自己的行动，通过克服各种困难和挫折，成功地完成任务。坚定性、自觉性、坚毅性、自制性、果断性和独立性等良好的意志品质，是领导者必须具备的。盲从、独断、草率、怯懦等不良意志品质，是削弱协调能力的重要因素。

自我严格要求和勤奋，对协调能力的发展来说，也是十分重要的。严格要求自己，尽量挖掘自己的潜能，这必然会促进自己能力的发展。勤奋对能力的发展之所以重要，是因为能力的形成是一个较长期的过程，需要人们不懈的努力。勤奋，影响着一个人所从事活动的深度和广度，并进而影响着人的能力及其发展。人的主观努力，是能力发展的必要条件。

五、一般能力基础

同其他各种专门能力一样，领导协调能力也是建立在一般能力基础之上的。没有一定程度的思维能力、想象力等基本能力，便不可能有良好的协调能力。某些基本能力的发展，可以促进协调能力的发展，甚至可以直接成为协调能力的组成部分。反过来，协调能力的发展，又能促进一般能力的发展。

实践表明，人们的各种能力之间总是存在着这种或那种联系。与协调能力相关的各种能力的发展，都有助于协调能力的提高。能力是调节行动和活动的相应心理过程的概括化的结果，它的迁移范围较广。人们在实践中获得的某种能力，在其成为个人的心理特征时，就可以迁移到各种实践中去，在很大的范围内起作用。

除了以上这些因素外，人在一定时期的情绪和情感也与其协调能力的发展及作用的发挥有一定的关系。情感的倾向性、深刻性、广阔性、稳定性、效能性等，都与领导协调活动密切相关。积极的情绪、情感是提高领导协调活动效率的重要动力，消极的情绪、情感是能力发展的阻力，是降低人的主观能动性和活动效率的重要因素。

第 二 节　如何培养和开发协调素养与能力

培养和开发协调素养与能力，首先要明确成功协调的评判标准，然后在此基础上，有目的、有意识地选择适当的途径和手段进行培养训练，以达到提高协调素养和能力的目标。

你认为怎样才能做好协调工作？

知识梳理

一、领导协调能力开发类型

领导协调能力的开发，分为组织开发和自我开发两大类型。

（一）组织开发

从组织角度说，可以通过许多具体做法来达到开发目的。

1.尽量使开发对象明确本系统的目标、功能以及自己应负的责任、该有的权力。

2.提供约束协调能力的机会，包括指派开发对象去处理棘手的协调问题，甚至把他放到特定的职责分工更上一级或两级的位置上，压给他一些互不相同的思想和崭新的技术等。

3.用各种办法使开发对象能接触不同部门的不同关系，并且把相互关系暴露给他。

4.展开专题讨论同等职位者相互关系的改进问题，以及各自作用的全面发挥问题。

5.分析成功案例——找一个组织内部各部门之间具有建设性的"取予"关系的成功事例。

6.及时提醒开发对象：各部门间都会存在距离或歧义，甚至上司和下属之间在某些问题上也是如此。因此，既要考虑为本单位争取成果、控制成本、严格纪律等；又要以本单位为基础，展开相互协调，不能脱离其他组织搞"小帝国""小山头"。

7.帮助开发对象树立搞好协调的自信心。遇到头绪复杂的协调任务时，要帮助他们不致丧失意志力；在他们为寻找协调方法而犹豫不决时，应提供支持。

8.坦率地评价开发对象的协调绩效，使其本人对协调工作中的强项、中项、弱项有所认识，以便加快自我开发的进程等等。

关于协调能力的自我开发，主要是明确如何才能提高自己的协调效率的指导原则。

（二）自我开发

1.配合组织开发，一定要弄清自己所参与的事情的具体目标，不能有一点含糊。

2.逐步了解自己作为个体主体，在一般情况下和在特定情况下到底能对系统整体目标做出哪些贡献。

3.按照任务完成的时间表，协调好各项领导工作的时间进度。

4.提前预测领导协调中可能遇到的抵制因素，并制定可以抵消其影响的良好办法。要注意把精力放在寻找障碍的实质所在，而不是设置这些障碍的人的动因（对事不对人）。

5. 要学会准备让步，协调本身就意味着要准备向某些方面做出让步（或屈服），特别是在技术、方式、方法等方面更是如此。

6. 多用非正式形式，在大多数沟通协调活动中，尽可能采取非正式的一对一或一对二的形式，以便为正式沟通打好基础。

7. 注意自我超脱，尽量不要把自己的个人因素牵扯进去。

8. 要学会抑制小事，避免让某些过去的小事来模糊自己的目标，损害自己的判断力，或妨碍当前合作事业中的协调工作。

9. 发挥首创精神要适当，不能冒太多的合作风险，否则会导致迟滞甚至失败，因为每个人都得等其他人一起去行动。

10. 对待错误要学会容忍。人总会不时出点错误。对于协调过程中的错误，应以一种支持性的、纠正性的、建设性的方式来处理，而不是采取羞辱性的、否定性的、打击性的方式去处理。

二、成功协调评判标准

领导协调是否有效、成功，有八个基本的判别标准。

（一）群体共识度

不同部门、从事不同工作的人们对本系统有关问题看法一致的程度。

（二）观点互解度

在领导系统营运的相互关系中、工作关系中，对于各自观点的相互理解程度。

（三）任务赞同度

领导系统中一个部门的人员对另一个部门的带有标志性的需要和问题的理解及赞同程度。

（四）行为互助度

在需要的时候，系统中人员进行互相帮助的愿望大小。

（五）自觉协同度

为了共同利益和整体利益，有关各方认清问题并协同解决的愿望的高低和能力的大小。

（六）成果满意度

顾客（群众）对本系统提供的产品（服务）的满意程度（满意度高，一般意味着本系统内部各个工作环节协调得很好）。

（七）主体贡献度

从事协调的主体所做的贡献的数量和质量情况。

（八）关系品质度

从事协调的主体之间的关系性质、质量的提高程度。

有了这些判别标准，协调主体可以进行自测，或设置问卷进行调查。对本系统实际存在的协调状态掌握清楚了，就为提高协调主体的能力找到了依据。

三、可供选择的协调手段和协调途径

在领导系统的营运中，以下几点是可供选择的协调手段和协调途径。

（一）计划手段

以规划、计划中目标的制订和贯彻作为手段，走目标协调之路，这是首先可以选用的协调手段和协调途径。

（二）行政手段

以行政隶属的权力关系作为手段（简称行政手段），走行政协调之路。

（三）经济手段

运用物质利益关系为手段，走经济协调之路。

（四）法纪手段

运用党纪国法的关系作为手段，走依法协调之路。

（五）文化手段

运用科技、文化、教育等关系作为手段，走文明协调之路。

（六）信息手段

运用信息和知识沟通的手段，走信息协调之路。

（七）管理手段

运用宏观管理或更大系统的管理力作为手段，走借力协调之路。

（八）语言手段

运用高超的语言艺术作为手段，走语言协调之路。

要想提高领导协调能力，增强领导协调效果，就要有意识地选用上述协调手段，做到游刃有余。同时，还要尽可能地讲究协调艺术。

所谓协调艺术，可以理解为在领导系统的营运进入艺术境界时，系统领导者巧妙地运用领导原理和领导方法，充分发挥实践经验和领导智慧的作用，创造性地进行协调工作所使用的技能。这种协调境界和协调技能的关键，除了处处注意创新、变革外，最主要的是注意动态运作和抓人的因素。懂得协调艺术的领导者，总会使自己处于活动之中、运动状态之中，随着领导系统的动态营运，巧妙地施展自己的协调技能。这种领导者往往具有很高的语言艺术，领导者的语言准确、完整、通俗、感染力强，对协调效果能起直接的影响。只要在领导主体（人）的协调中，能针对不同协调对象的特点，灵活运用语言艺术，一定会取得更好的协调效果。

在现实生活中提高领导者协调能力的最有效的途径和方法就是参与领导实践，并要注意在领导活动中不断总结自己的领导协调经验。领导者要清楚地了解自己的协调能力所属的类型和现有的水平，正确认识自己的长处和短处。针对自己的长处和短处采取两种提高法：一种是全面提高法，就是全面提高构成领导协调能力的各种因素；另一种是补短法。补短法又可分为两种，一是直接补短法，就是找出自己在协调能力方面的短处，采取有效措施，克服缺点，取长补短；二是以长补短法，就是突出发展自己的长处，以弥补自己的短处给领导协调带来的不利影响。作为一名领导者，大可不必为自己某种难以克服的或一时难以克服的协调能力方面的缺点而过分苦恼。在很多时候，采取以长补短法，可以在整体上提高协调能力，可以取得满意的效果。当然，这并不等于说领导者可以忽视自己协调能力中的弱点。克服那些严重影响领导协调效果的致命弱点，往往是提高领导协调能力的最有效的措施和途径。

第三节　如何在社会实践中锻炼提高协调能力

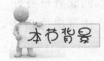

本书背景

党的十八大会议提出要牢牢把握加强党的执政能力建设，这对各级专业技术人员出身的领导干部的领导水平和协调能力提出了更高要求，同时也给领导者在实践中锻炼提高协调能力提供了难得的机遇和舞台。各级领导干部要以积极的姿态，抓住机遇，迎接挑战，在实践中不断磨炼和提升自己的领导协调能力。

问题驱动

提高协调能力最重要的是要注意什么样的问题？

一、在综合协调、妥善处理突发性群体事件中锻炼提高

突发性群体事件是指在较短时间内突然爆发的，群体与群体之间、群体与领导之间、群体与企事业单位之间的，以经济利益为主要内容的，采取围攻、静坐、游行、集会等方式对抗党政机关甚至破坏社会公共财物、危害干群人身安全、扰乱社会秩序的事件。正确认识和把握突发性群体事件的特征、产生的原因和应对策略，对于及时缓解社会发展变化对社会稳定系统形成的内部张力和外部压力，自觉抑制与消解可能出现的各种不稳定因素，确保社会平稳运行、减少社会损失，具有重大的现实意义。综合协调、妥善处理突发性群体事件对领导协调能力是一场严峻的挑战，同时也是锻炼领导协调能力的最佳机会和舞台，领导者要好好把握，实现领导协调力的提高和突破。

（一）转型期突发性群体事件的成因分析

诱发突发性群体事件的原因是复杂的、多方面的。概括起来说，突发性群体事件的成因主要有以下几个方面。

1. 社会转型引发的矛盾是突发性群体事件产生的基础性根源

伴随着阶层、群体和组织的分化，不同社会群体和阶层的利益意识会不断被唤醒和强化，利益的分化也势必发生。在各种社会资源有限的前提下，多元化的利益群体会不可避免地相互竞争和冲突。社会分化的加速也必然会在社会成员的思想观念和意识形态结构中有所反应，人们的价值观念、思维方式、文化关怀等方面将不断趋于多元化，一些与主流意识形态不同甚至相反的价值观念也会大量涌现。人们受各种各样的价值观念的冲击，容易导致价值体系的紊乱，从而使人们无所适从，诱发出许多社会问题，甚至会引发某些集群不规则行为现象。

2. 部分干部的官僚主义和腐败行为是突发性群体事件发生的政治因素

近年来上访、闹事等群体性事件增多，既有随着改革的深化，经济领域不可避免地会出现一些纷繁复杂的矛盾和问题的客观原因，但在很大程度上也是因为有的干部工作作风不踏实，脱离群众，腐化变质，从而导致干群矛盾激化。从这个意义上讲，官僚主义、腐败行为也是致乱之源。

3. 群众的民主意识在不断增强，但政治参与能力相对较低，法制观念淡薄，这是突发性群体事件产生的文化因素

改革开放以来，群众的民主意识逐步增强，对民主的要求越来越高，参政的愿望越来越强烈，但政治参与能力相对较低，法制观念淡薄。当群众之间、上下级之间出现利益摩擦或纠纷时，一些群众错误认为聚众闹事可以对领导造成压力，能较快解决问题，使本来能在法律程序中得到解决的矛盾演化成突发性群体事件。

4. 基层组织社会控制弱化，社会权威结构失衡，是目前突发性群体事件产生的体制性根源

改革开放以来，中国社会基层组织的社会控制力呈明显的弱化趋势，威信相对减弱。尤其是在农村，乡村基层组织对农民的行政控制严重弱化。基层组织对群众的号召力、凝聚力和说服教育作用大大减弱。由于基层政权的权威性受到民众的怀疑，国家权威就很自然地进入民众的视野。加之一些地方的基层领导对本地区、本部门群众关注的热点、难点问题知之甚少或知之不管不问，致使一些本该在本地区本部门解决的问题难以解决或无法解决。民众的利益一旦受损或遭受侵害，为寻求国家权威的保护，单个的社会成员会意识到集体行动的重要，体制外的对抗性群体力量就会产生。尽管如此，群体性事件爆发需要有一定的启动因素，这些启动因素主要依赖于具体的诱发性事件。

5. 各种具体的利益冲突是引发突发性群体事件的导火索

由利益冲突引发的突发性群体事件主要反映在以下几个方面：一是因对政府出台的政策、措施不满而引发的群体性事件。在贯彻执行党和国家的一些重大方针政策特别是直接关系群众切身利益的方针政策时，由于执行者认识上的偏差和方法上的简单粗暴，使部分群众因利益受到损害而对政策产生不满，以至引发群体性事件。二是因企业经营亏损、破产、转制而引发的群体性事件。当停产、倒闭、被兼并企业的职工在工作安排和生活保障问题得不到妥善解决时，很容易引发群体上访甚至闹事事件。三是因征地搬迁问题而引发的群体性事件。随着城市化过程的推进，农村土地特别是城郊农业用地被大量征用为建设用地后，由于土地征用补偿、征地后劳动力的就业和安置等相关政策不落实不配套，影响了村民的切身利益，从而引发群体性事件。四是因环境污染问题导致的群体冲突。随着环境问题日益严重和人们环保意识的提高，环境污染问题已成为引发群体性事件的一个新的诱因，此类事件呈上升趋势。

（二）突发性群体事件的防范及调控

突发性群体事件由于采取集结力量的态势，这种矛盾的发生对社会影响面大，冲击力强，且处理难度大、遗留问题多，不仅直接导致社会经济生活的重大损失，对社会的稳定发展危害极大。因而，要在改善政府形象，密切干群关系，营造互助、和谐的社会文化氛围的基础上，应尽快建立健全预防和调控突发性群体事件的运行机制，探索正确处理突发性群体事件的策略和方法。

1. 注重策略，采取果断稳妥的处理方法

作为复杂社会现象的突发性群体事件，即使是倍加防范，也免不了有所发生，这就有一个对已发生的群体性事件的妥善处理问题。对突发性群体矛盾的解决，既要有预防的措施，又必须讲究控制和处理突发性群体事件的策略。具体应把握"快、稳、化、活、公、清"六字方针。

（1）所谓"快"就是要及早发现，及早介入

突发性群体事件，事发突然，情况紧急。因此，对事态的驾驭要及时果断，尽可能及早介入，及早控制事态的发展，不能因为反应迟，行动慢，使矛盾走向激化对抗。要快速制胜应当做到三点：一要快速发现，快速报告；二要快速出动，快速到位；三要快速展开，快速介入，以便抓住先机，争取主动，尽快控制事态的发展。

（2）所谓"稳"就是要稳定群众情绪

普遍而迅速出现的大众行为和社会参与是与信息传播密切相关的。在突发性群体事件发生时，信息传播混乱，由于秩序的混乱和人们心理状态的失衡以及情绪的波动，人们容易偏听偏信，容易受传闻和谣言的蛊惑，容易产生非理性行为，从而造成极大的社会紊乱。因此，必须一方面揭露谣言，控制信息的混乱传播，另一方面及时披露事实真相，正确地引导公众的注意力，防止事态的进一步扩大。

（3）所谓"化"就是在处理突发性群体事件时要坚持协调和化解矛盾的原则

解决矛盾的方式大致有三种：一是矛盾一方克服另一方，或者叫一方"吃掉"另一方；二是矛盾双方"同归于尽"，使一种矛盾从根本上被扬弃；三是矛盾双方协调发展，最后达到对立双方的融合。多少年来，我们社会中最基本的冲突模式是，冲突的双方是一种你胜我负、你死我活的关系。在这样的冲突中，双方的目标不仅仅是获得自己的利益，而是要彻底战胜对方。我们缺少一种以讨价还价为特征的理性解决利益冲突的方式。从总体上讲突发性群体事件属人民内部矛盾，解决此类矛盾最恰当的方式应该是第三种，即应当采取化解矛盾、平息事态、解决问题的方法。即使一些矛盾的激化确因极少数别有用心的人在后面挑拨，有一部分群众短时间内难以觉悟，我们也要始终立足于团结、争取大多数群众，孤立、打击少数敌人，坚决防止用敌我矛盾的方法来处理人民内部矛盾。

（4）所谓"活"就是弄清事件起因，分类处置，灵活施策

据调查，目前发生的群体性事件中，大部分群众反映的问题是合理的，与他们的切身利益相关，不可简单地动用警力和采取强制措施去解决。处理群体性事件时，务必要弄清事件爆发的原因、群众心态和现场情况，慎重决策，要注意方法的灵活性和策略的多样性，要具体情况具体分析。对思想认识问题，做好宣传解释工作，帮助群众明晰事理。对于党委、政府及有关部门因工作失误而引发的突发性群体事件，要敢于承担责任，吸取教训，重新决策。对符合政策，但长期得不到解决的问题，要想方设法解决，切忌敷衍推诿不管。对于群众要求基本合理，但采取的方法过激，甚至违法的突发性群体事件，处置中对当事的群众既要动之以情，晓之以理，也要明之以法，开展强有力的法制宣传教育，使广大群众明辨是非，提高觉悟。对有的群众的不合理要求，要介绍政策，晓以大义。对于极少数别有用心利用我们工作的失误和部分群众存在的不满情绪挑起事端的幕后策划者、煽风点火者、拒不听劝阻者则要适时地采取强制措施，及时严肃处理。对纯属敌我矛盾范畴的打砸抢事件、政治动乱、暴乱，必须态度坚决，措施果断，充分动用法律手段予以控制和打击。

（5）所谓"公"就是分清是非，秉公处理

公生明，廉生威。公正才能明断，明断才能服众。分清是非是秉公执法的依据，也是解决人民内部矛盾的基本方法。不管是何种矛盾引发的群体性事件，处理时务必要公正，任何偏袒和压制，都会导致矛盾的激化和事态的恶化。

（6）所谓"清"就是全面总结经验，彻底清除复发隐患和同类事件发生的根源

当事件被平息后，不能在"总算过去了"的心态支配下把它束之高阁，更不应该有"不堪回首"的心理，要敢于"复盘"，认真反思。第一，要进一步做好善后工作，彻底清除复发隐患。第二，要及时总结经验教训，举一反三，从中探求规律性的东西，彻底清除同类或相近事件发生的根源。

2. 建立全面系统的防范机制

防范突发性群体事件要治本，即要从根本上、源头上消除事件发生的土壤和条件。为此，需要有一种程式化的、稳定的、一系列配套的制度安排。

（1）要建立健全社会安全阀系统

其中包括的首先是构建理性化的社会沟通系统。理性化的沟通系统可以让群众通过各种渠道及时充分地表达自己的利益要求，政府可以适时地根据群众意见作出政策调整，这等于在政府与群众之间安装了一个安全有效、双向互动的"缓冲阀"，使社会张力得以释放，社会免于脆性崩塌。当然从更积极的意义上说，理性化的沟通系统也是人民实现权利的保障。这些渠道包括：获取信息自由的制度，如信息公开制度，立法、执法和司法公开制度等；人民个体或群体向政府表达意愿的制度，如申诉制度、信访制度、请愿制度、游行示威制度、公民参与立法的制度、全民公决制度等。其次

是培育社会缓冲与消融机制。各种社会中间组织是社会成员交流感受、诉说委屈、发泄情绪、提出建议的渠道，能及时、适当地让不满情绪和不同意见得以宣泄，避免矛盾和冲突在社会领域的过度压抑、聚集甚至总爆发，减缓甚至避免社会成员对政府的直接对抗。以社会中间组织为主体的缓冲与消融机制，实际上具有社会安全阀的作用。因而，在当前要进一步加强、引导、规范社会中间组织建设，通过建立各种社团组织，确立公民政治，建立兴趣社团，构建国家与社会、精英与民众之间以及富人和穷人之间的中介机制和传导沟通机制，使之发挥理顺关系、处理矛盾等保障社会安全运行的积极作用。

（2）要坚持社会公正原则，协调利益关系

要建立系统规范的社会保障制度和社会福利网络，努力解决城乡人口的低收入和贫困问题，以释放社会成员所承担的社会风险。要下大力气营造让每个社会成员、社会细胞、社会单元"各得其所"的公平的社会环境。政府必须对于改革过程中的公正性给以足够的重视，无论是在所有制形式、分配体制、社会管理体制上，还是在生产、流通、交换、分配等重要环节上，要通过改革过程中的统筹兼顾，切实避免部分群体的利益损失过大；对改革过程中不可避免的利益调整应形成有效的补偿机制，使改革中利益相对受损者能得到应有的补偿，以保证改革过程中利益调整的相对优化状态。

（3）要建立明察秋毫的社会监控与预警机制

如果我们对社会偏离现象做到明察秋毫，予以重视和警觉，作出科学的判断，防患于未然，就能及早地预防和纠偏，为解决、防范社会问题提供先决条件，奠定稳固基础。因而，建立预警机制是防范和解决社会矛盾的基础，是社会稳定和发展的指示器，是科学决策的可靠手段。

二、在协调各阶层利益关系中正确处理人民内部矛盾

锻炼提高随着科技进步和经济社会的不断发展，我国社会结构不断调整分化，在原有的工人、农民、知识分子等阶级阶层的基础上，新出现了民营科技企业的创业人员和科技人员、受聘于外资企业的管理技术人员、个体户、私营企业主、中介组织的从业人员、自由职业人员等社会阶层，他们都是中国特色社会主义的建设者，其根本利益是一致的。但是，由于人们的觉悟程度、文化水平、思想观念、社会背景不同，尤其是还存在着相互间的利益差别和利益矛盾，人民内部矛盾不可避免。协调各阶层利益关系、正确处理人民内部矛盾当然成为构建社会主义和谐社会的重要内容。各阶层利益关系和人民内部矛盾协调处理好了，可以增强人民的团结，调动和发挥人民群众的积极性，促进社会的稳定和社会主义建设事业的健康发展；反之，人民内部矛盾激化，构建社会主义和谐社会便成为空谈。协调各阶层利益关系、正确处理人民内部矛盾需要高超的领导协调能力，领导者要注意在协调各阶层利益关系、正确处理人民

内部矛盾中锻炼提高自己的领导协调能力。

（一）要正确对待新时期社会主义社会的人民内部矛盾

当前，我国社会正处在一个急剧变动的时期，社会结构、社会阶层发生很大变化，各种利益关系、分配关系重新调整，国家经济社会快速发展，但社会有不稳定因素，各种新问题新矛盾正在并将不断涌现。人民内部矛盾仍将是国家政治、经济生活的主题之一。我们必须承认矛盾，正视而不回避矛盾，注意研究新时期新阶段人民内部矛盾的新特点及其规律性，并采取积极应对的态度处理好这些矛盾。

（二）要妥善协调各方面的利益关系，正确处理人民内部矛盾

坚持把最广大人民的根本利益作为制定政策、开展工作的出发点和落脚点，正确反映和兼顾不同方面群众的利益。高度重视和维护人民群众最现实、最关心、最直接的利益，坚决纠正损害群众利益的行为。健全正确处理人民内部矛盾的工作机制，综合运用政策、法律、经济、行政等手段，依法及时合理地处理群众反映的问题。建立健全社会利益协调机制，引导群众以理性合法的形式表达利益要求、解决利益矛盾。教育引导广大干部群众正确处理个人利益和集体利益、局部利益和整体利益、当前利益和长远利益的关系，增强主人翁意识和社会责任感，自觉维护社会和谐稳定。

（三）体现时代性、把握规律性、富于创造性，加强和改进新形势下的群众工作

积极研究和把握新形势下群众工作的特点和规律，探索新途径、新方法，不断提高新形势下做好群众工作的本领。要加强和改进思想政治工作，把党和国家的政策法规、党委、政府的决策部署、工作中面临的困难和问题，耐心细致地向群众讲清楚，取得群众的理解、信任和支持。要以教育、疏导、协调为基本方法，化解矛盾，统一意志。要坚持民主协商和依法办事，遇事要多同群众商量，倾听群众的意见。善于运用法律手段处理各种矛盾和利益纠纷，不能简单化，不能搞强迫命令。高度重视信访工作，防止将非对抗性矛盾激化为对抗性矛盾，努力把问题解决在基层和萌芽状态。

（四）反对官僚主义、形式主义，进一步加强党风廉政建设

当前一些地方人民内部矛盾比较突出，且往往以党群干群关系紧张的形式表现出来。我们党最大的政治优势是密切联系群众，执政后的最大危险是脱离群众。因此，要进一步加大反对官僚主义、形式主义的力度，自身正，有令则行，领导者要从自身做起，切实加强党风廉政建设，密切与人民群众的血肉联系，及时化解矛盾。

思　考

1. 协调能力在领导活动中居于什么样的位置？
2. 如何培养和开发领导的协调能力？
3. 上网查阅一些杰出领导人物协调活动的事例，从中能得到哪些启示？
4. 突发性群体事件的成因主要包括哪几个方面？结合你自己的实战并和周围的人讨论。
5. 你认为还有哪些协调手段或协调途径可供别人借鉴，写出来与大家分享。

游戏名称：对垒（分组）

游戏目的：配合协作

游戏道具：报纸、乒乓球

游戏指引：

(1) 二队透过挂在中间报纸上的小洞，把乒乓球投入对方阵地的游戏方法；

(2) 离报纸适当的距离画一条线，各小队站在线上投乒乓球。

(3) 在限定时间内，把乒乓球投入对方阵地最多的一组获胜。

学习心得（手写完成）

　　请在学习完视频、教材、考试后，认真写出个人学习心得，要求字迹工整、内容健康正能量；200-500字数，此表格作为继续教育成绩认定重要依据。（表格复制无效）

《2016年专业技术人员继续教育审核表》

姓名		用户名		防伪识别号	
单位				http://www.fzdhjy.com/course/11	

课目名称：沟通与协调能力

网考成绩粘贴处

中国商品信息认证中心
正品标识
查询网址：www.fzdhjy.com
查询电话：4008596588
涂层　查询真伪

表格复制无效

表格复制无效

备注		年　　月　　日